FARMING
农业种植系列读物
邹 彬 吕晓滨 编著

U0297887

无公害甜樱桃
丰产栽培技术

河北科学技术出版社

图书在版编目(CIP)数据

无公害甜樱桃丰产栽培技术 / 邹彬,吕晓滨编著
. -- 石家庄:河北科学技术出版社,2013.12(2023.1重印)
ISBN 978-7-5375-6584-4

Ⅰ.①无… Ⅱ.①邹… ②吕… Ⅲ.①甜樱桃–果树
园艺–无污染技术 Ⅳ.①S662.5

中国版本图书馆 CIP 数据核字(2013)第 268978 号

无公害甜樱桃丰产栽培技术

邹　彬　吕晓滨　编著

出版发行	河北科学技术出版社	
地　　址	石家庄市友谊北大街 330 号(邮编:050061)	
印　　刷	三河市南阳印刷有限公司	
开　　本	910×1280　1/32	
印　　张	7	
字　　数	140 千	
版　　次	2014 年 2 月第 1 版	
	2023 年 1 月第 2 次印刷	
定　　价	25.80 元	

Preface ☞ 序

　　推进社会主义新农村建设，是统筹城乡发展、构建和谐社会的重要部署，是加强农业生产、繁荣农村经济、富裕农民的重大举措。

　　那么，如何推进社会主义新农村建设？科技兴农是关键。现阶段，随着市场经济的发展和党的各项惠农政策的实施，广大农民的科技意识进一步增强，农民学科技、用科技的积极性空前高涨，科技致富已经成为我国农村发展的一种必然趋势。

　　当前科技发展日新月异，各项技术发展均取得了一定成绩，但因为技术复杂，又缺少管理人才和资金的投入等因素，致使许多农民朋友未能很好地掌握利用各种资源和技术，针对这种现状，多名专家精心编写了这套系列图书，为农民朋友们提供科学、先进、全面、实用、简易的致富新技术，让他们一看就懂，一学就会。

　　本系列图书内容丰富、技术先进，着重介绍了种植、养殖、职业技能中的主要管理环节、关键性技术和经验方法。本系列图书贴近农业生产、贴近农村生活、贴近农民需要，全面、系统、分类阐述农业先进实用技术，是广大农民朋友脱贫致富的好帮手！

中国农业大学教授、农业规划科学研究所所长
设施农业研究中心主任　张天柱

2013年11月

Foreword ☞ 前言

农业是国民经济的基础，是国家稳定的基石。党中央和国务院一贯重视农业的发展，把农业放在经济工作的首位。而发展农业生产，繁荣农村经济，必须依靠科技进步。为此，我们编写了这套系列图书，帮助农民发家致富，为科技兴农再做贡献。

本系列图书涵盖了种植业、养殖业、加工和服务业，门类齐全，技术方法先进，专业知识权威，既有种植、养殖新技术，又有致富新门路、职业技能训练等方方面面，科学性与实用性相结合，可操作性强，图文并茂，让农民朋友们轻轻松松地奔向致富路；同时培养造就有文化、懂技术、会经营的新型农民，增加农民收入，提升农民综合素质，推进社会主义新农村建设。

本系列图书的出版得到了中国农业产业经济发展协会高级顾问祁荣祥将军，中国农业大学教授、农业规划科学研究所所长、设施农业研究中心主任张天柱，中国农业大学动物科技学院教授、国家资深畜牧专家曹兵海，农业部课题专家组首席专家、内蒙古农业大学科技产业处处长张海明，山东农业大学林学院院长牟志美，中国农业大学副教授、团中央青农部农业专家张浩等有关领导、专家的热忱帮助，在此谨表谢意！

在本系列图书编写过程中，我们参考和引用了一些专家的文献资料，由于种种原因，未能与原作者取得联系，在此谨致深深的歉意。敬请原作者见到本书后及时与我们联系（联系邮箱：tengfeiwenhua@sina.com），以便我们按国家有关规定支付稿酬并赠送样书。

由于我们水平所限，书中难免有不妥或错误之处，敬请读者朋友们指正！

编　者

CONTENTS

目　录

第三章　甜樱桃优良品种选择

第四章　甜樱桃的苗木繁殖与建园

第五章　甜樱桃整形修剪与土肥管理

第六章　甜樱桃优质大果技术

第七章　甜樱桃主要病虫害的无公害防治

第八章 甜樱桃采收与采后处理

第一章
甜樱桃概述

第一节 甜樱桃简介

甜樱桃,又称洋樱桃、大樱桃,原产于亚洲西部和欧洲东南部等地。欧洲人在公元前 1 世纪就已经开始栽培,但进行商业化栽培是从 16 世纪才开始的。其中意大利、法国、英国、德国、土耳其等国家的栽培面积最大。18 世纪甜樱桃传入美国,19 世纪先后传入中国和日本。

大约在 19 世纪末期,甜樱桃与西洋梨、洋苹果一起传入我国,至今不过百余年历史。如新疆的塔塔尔人从俄罗斯引入一些甜樱桃品种,在新疆塔城地区栽培。

甜樱桃被誉为果中珍品,其果实晶莹美观,色泽艳丽,果肉营养丰富,柔软多汁,很受广大消费者的喜爱。其果实发育期很短,通常大多数品种仅需要 50~60 天即可完成从开花到果实成熟的整个过程,极早熟的品种只需要 28 天的果实发育期,极晚

熟的果实发育期也不过 65 天。

甜樱桃耐贫瘠，抗旱，有较强的适应性，栽培成本比较低，果实成熟早，在北方的落叶果树中是经济效益较好的一种。正因为其果实成熟早，在缺乏新鲜果品的春末夏初的市场上，樱桃的出现恰好弥补了这一时期的空缺。所以，它在均衡果品周年供应和调节鲜果淡季上，具有特殊的意义。

第二节 甜樱桃栽培地区分布情况

甜樱桃栽培区在我国的分布

虽然我国的甜樱桃栽培历史比较短，只有 130 多年的历史，但到目前为止，甜樱桃已经是我国栽培的众多樱桃品种中，推广最多的一种。其栽培区域主要分布在渤海湾沿岸一带，我国甜樱桃栽培面积最大、产量最多的一个省份是山东省，秦皇岛、大连等地也有广泛栽培。此外，北京、安徽、河南、四川、山西、江苏、甘肃及新疆等地，也有一定的栽培面积。

总体来讲，基本可以将我国甜樱桃栽培区划分为 4 个：环渤海湾地区、陇海铁路东段沿线地区、西南高海拔地区和分散栽培区（包括吉林、黑龙江及新疆栽培区和宁夏等地的保护地栽培区）。

环渤海湾地区，是中晚熟甜樱桃栽培区，也是我国甜樱桃商业栽培起步最早的地区，主要包括山东、河北、辽宁、天津和北京等省市地区。通过栽培甜樱桃，已经使该区的果农有了较高回报，所以在种植甜樱桃上当地果农有较高的积极性，栽培的面积和产量迅速增加，对国内其他地区甜樱桃种植业的发展起到了带动作用。

陇海铁路东段沿线地区，是我国主要的甜樱桃早熟栽培区，包括河南、安徽、江苏、陕西和甘肃等省。正常情况下，该地区的甜樱桃要比山东省烟台市的甜樱桃早熟 10～15 天。陇海铁路东段沿线地区发展甜樱桃的两大优势是交通便利和品种早熟，但甜樱桃栽培在该地区的起步较晚，所以现有面积比较小。

西南高海拔栽培区主要指云南和四川等省，海拔较高，每年的日照时数保证在 2000 小时以上，不会发生严重冻害又能满足甜樱桃对低温需要量的地区。甜樱桃栽培在该地区的现有面积比较小，但昼夜温差大，光照充足等条件，非常利于糖分的积累。所以，该地区生产的甜樱桃品质极佳。

分散栽培区，主要包括吉林、黑龙江、宁夏等寒冷省份保护地栽培区和南疆露地栽培区。新疆是我国优质水果产区，南疆比较适合进行甜樱桃的露地栽培。

甜樱桃栽培区在世界上的分布

据联合国粮农组织统计数据，2008 年世界甜樱桃产量居前十位的国家为土耳其、美国、伊朗、中国、意大利、叙利亚、乌克兰、西班牙、罗马尼亚、俄罗斯。甜樱桃的生产也越来越集中在这些少数的几个国家中，世界甜樱桃总产量的 71.6% 被前十位国家占去，其中世界甜樱桃总产量的一半就被前五位生产大国的甜樱桃总产量占去了。整个世界甜樱桃产业被土耳其、美国、伊朗、中国和意大利影响着。

第三节　甜樱桃的营养成分与发展前景

营养成分与药用价值

　　樱桃果实含有的营养成分非常丰富。据分析每 100 克甜樱桃果实中，含蛋白质 1.4 克、可滴定酸 0.54 ~ 1.27 克、糖 9.7 ~ 12.5 克、磷 22 ~ 41.8 毫克、铁 0.14 ~ 0.78 毫克、维生素 C 7.4 ~ 18.2 毫克、钙 9.1 ~ 19.6 毫克、钾 145 ~ 228.2 毫克等。所以，有"百果第一枝"美誉的樱桃，因其丰富的营养价值而为人们所推崇。

　　除此之外，樱桃的药用价值也比较高。《名医别录》中说，樱桃"味甘，主调中，益脾气。"我国民间也有很多用樱桃为药材来治病的偏方，如：将 1 千克鲜樱桃加水煮烂，捞出果核，加入 0.5 千克白糖，拌成膏状，每次服一汤匙，每日早晚各服用一次，对体虚疲劳，软弱无力，面色苍白者很适用；将樱桃挤汁涂于患处，治烧伤；用 0.5 千克樱桃叶，煮水坐浴，同时用棉球蘸煎出的水塞入阴道内，日换一次，经半月，可治阴道滴虫病；0.5 千克的鲜樱桃，用 1 千克米酒浸泡 10 天后，早晚各服一次，日服 30 ~ 60 克，可以治疗风湿腰腿痛、关节麻木及风湿引起的瘫痪。将樱桃枝和叶一起煮水服用，可以治疗腹泻。

发展前景

据粗略估计，目前我国约有 1.5 万公顷的甜樱桃栽培面积，估计再过 5～6 年，甜樱桃栽培面积可以扩大到 6 万公顷，如果这些栽培区全部进入丰产期，每公顷可以生产甜樱桃 7.5 吨（约为近几年世界平均单产的 1.5 倍），全国就会有 45 万吨的总产量，如果到 2015 年可以达到上述产量，我们以 14.5 亿全国人口进行平均，人均约占有 0.31 千克，这一消费水平并不会导致产品过剩。所以，以目前国内甜樱桃市场来说，发展规模还可在现有基础上扩大 3～5 倍。如果按每千克 6～8 元的园内批发价计算销售价格，45 万吨甜樱桃将为农民创造 27 亿~36 亿元的产值。由于甜樱桃的管理费用比较低，所以农民将获得 20 亿~30 亿元（不计劳动力投入的费用）的纯收入，由此可见，甜樱桃栽培有很好的发展前景。

第四节 甜樱桃栽培的无公害要求与标准

关于无公害农业

生产优质安全、对人体健康有益的甜樱桃果实，是栽培甜樱桃的根本目的，也是甜樱桃栽培最基本的要求。为了达到这个要求，达到这个目的，就必须在栽培甜樱桃的过程中严格掌握无公害标准。

随着社会的发展，人们对环境与健康愈加重视，要求也越来越高。世界农业也正朝着环保农业、生态农业、无公害农业的方向发展。1972年在斯德哥尔摩召开了联合国人类环境会议，"生态农业"的概念在会上首次被提出。大会提倡要把"食品安全"的思想贯穿于食品原料的生产、加工等各个环节。归属于这类农业的，芬兰、瑞典称为生态农业，英国和德国称为有机农业，日本叫自然农业，我国则称为无公害农业。

所谓甜樱桃无公害栽培，简单来讲，就是指甜樱桃在栽培管理过程、生长环境以及果实的采收、包装、运输和销售等各环节中，均未被有害物质污染，或者即使有少量污染也在国家规定的相应限量标准范围内。它的标准，主要包括生产技术标准、果品质量检验标准和环境质量标准。凡符合上述标准的果品，即称为无公害果品。

樱桃果品环境条件的污染源

一、大气环境污染

（一）二氧化硫

对我国大气环境造成污染的最主要成分是二氧化硫。它在大气中普遍存在，主要是由燃烧含硫的石油和焦油以及煤等而产生。二氧化硫对叶片组织的污染主要是从果树叶片上的气孔侵入开始，它使叶绿素受到破坏，造成组织脱水，从而使叶片非常容易脱落。

果树对二氧化硫最敏感的时期是在开花时，此时如果受到污染，可以导致花朵开放不整齐，花冠边缘有褐色枯斑出现，柱头萎缩，花药变色，花朵提早脱落，从而降低了坐果率。果实受害后，发育受阻，果面会出现龟裂现象，也就失去了商品价值。遇水后的二氧化硫即变成为亚硫酸。如果对樱桃树喷施了波尔多液，则会游离出其中的铜离子，从而对果树造成药害。

通常情况，在自然条件下，大气中被氧化了的二氧化硫会变成三氧化硫，而三氧化硫极易与水相溶，相溶后就变成了硫酸。一旦遇到天气潮湿的情况，硫酸就会和雨、雾、霜等融为一体，形成 pH 值低于 5.6 的酸雨。酸雨对果树及其他农作物会造成极大危害，可导致叶片的叶脉之间因为被硫酸漂白而造成失绿现象。

（二）氟化物

在我国，大气中仅次于二氧化硫的污染物是氟化物。其来源主要是磷肥、冶金、玻璃、搪瓷、塑料和砖瓦生产工厂等以及用煤作为能源的工厂所排出的废气。主要包括氟化硅、氟化氢和氟化钙等气体。氟化物主要通过叶片进入植物体内对果树造成危害，随水分的运输，氟化物逐渐流向叶片边缘和叶尖，当达到一定程度的积累时，病症就会出现。同时，氟化物还能对植物体内的葡萄糖酶、磷酸果糖酶等物质的活性产生抑制作用，使其难以形成叶绿素，从而使光合作用的进行受到阻碍。

（三）氮氧化物

各种含氮氧化物的总称叫氮氧化物，其污染源来自汽车、锅炉及某些药厂排放的废气，其中主要包括一氧化氮、二氧化氮和硝酸雾等。相比于二氧化硫，二氧化氮对樱桃果树造成的危害并不轻，所以日常生产中也不能轻视。

（四）氯气

氯气的污染源为食盐电解工业以及生产农药、漂白粉、消毒剂、塑料、合成纤维等产品的工厂排出的废气，是一种黄绿色有毒气体。它破坏果树植物细胞的结构，阻碍果树对水分的吸收，对果树造成的危害极大。

（五）粉尘及其他

粉尘是指悬浮在空气中的固体微粒。我国对果园的污染危害最严重的物质主要是以煤为能源的工厂和工矿企业等排出的烟尘。这些烟尘落到果树的叶片上，就会产生污斑，使果树正常的光合作用和蒸腾作用受到妨碍，它对嫩叶片的影响尤为严重。在花期，其污染会使坐果受到阻碍。在结果期，受污染的果实会形成污斑，从而对果实的商品价值产生严重影响。

二、农药的污染

防治果园病虫害的重要手段之一就是使用化学农药，这种方法曾在生产中发挥重要作用。但是，化学农药在果品中的残留以及对环境的污染，都相当严重。

农药对人体的毒害，分为慢性中毒和急性中毒两类。人们长期从食品或环境中摄入微量的残留农药，在人体内产生一定数量的积累后，所表现出来的中毒症状就称为慢性中毒。因为慢性中毒的症状要经过较长时间的累积才会出现，所以往往容易被人们忽视。例如，有机汞和有机氯农药，主要对人的神经系统和肝、肾产生损伤；有机磷和氨基甲酸酯类农药，会使血液中的乙酰胆碱酶的活性下降，从而引发头痛，记忆力减退；有机砷农药会引起神经炎、脱皮和肝大等症状。虽然慢性中毒并不能直接造成人的死亡，但会对人体的健康产生极大伤害。急性中毒，是指人误食了被农药严重污染的果品，或者直接接触农药后，很快出现的中毒症状，如头昏、头痛、腹痛和恶心等，严重的会出现呼吸困难、痉挛、大小便失禁和昏迷等症状，甚至会造成死亡。

三、土壤和灌溉水被污染

果园灌溉水与土壤容易被某些重金属污染，如镉、铅、铬等。

这些污染源主要来自金属冶炼厂、电机厂、矿山和电镀厂等。这些重金属对人类、牲畜和农作物等，都会产生不同程度的伤害。

例如，自然界中镉的含量很大，其污染源主要是金属冶炼厂、矿山和以镉为原料的电机、电镀、化工工厂等。这些工厂所产生的废气中，含有大量的镉。镉已被列为世界八大公害之一，它是一种毒性很强的金属。它可以长期在人体内积累，有长达 20～40 年的生物半衰期，会引起急、慢性中毒。1955 年，日本著名的公害病"骨痛病"，就是因为人体内积累了大量的镉造成的。急性中毒，主要对人的肾脏、肺脏等器官产生损害；慢性中毒，主要原因是人体内已经有了一定数量的镉积累，而镉有 2～8 年的潜伏期，它主要对人的关节与神经等产生不同程度的损伤。

又如，金属矿石中存在大量的类金属——砷，受到自然风化作用后，砷会广泛分布于土壤中，因此土壤中的最主要的污染物就是砷。砷对人体造成的危害更大，它与空气中的氧结合后就会变成三氧化二砷（即砒霜），一旦砒霜与人体内的蛋白酶相结合，就会使酶的活性丧失，而引起细胞的死亡。人若急性砷中毒，通常表现为胃肠炎症状，如呕吐和腹痛，严重的情况甚至引起失水虚脱而死亡。慢性中毒，会导致浑身酸痛、恶心、呕吐、腹泻和肝大等，还容易引起多发性神经炎。砷还是皮肤癌、肺癌等的致病因素之一。

四、化肥的污染

化肥在我国农业生产中，呈现出用量大幅度增加的趋势。在提高农作物的产量方面，化肥起到了一定的重要作用。但如果过多施用化肥尤其是氮肥，就会给生态环境带来一定的负面效应，严重时甚至会成为公害。例如，氮肥中挥发的氮素，以及大量的二氧化氮会从硝化、反硝化的过程中排出等。

化肥特别是磷肥和氮肥，会借助各种渠道流入河流、湖泊等水域，对其产生一定污染。如果长期施用氮肥，会造成碳、氮比在土壤中的失调，致使土壤微生物为了吸收碳源和其他营养，只能向腐殖质中寻求，从而使土壤板结，其理化性质变劣。

如果过多施用硫铵和氯铵酸性肥料，就会使土壤的化学性质发生改变，而土壤的微生物区系也会随着理化性质的改变而变化。如果在果树上施用过量氮肥，还会加重蚜虫的危害。

无公害甜樱桃生产的标准

农业标准化生产有一个重要的标准就是无公害标准，即在生产过程中可以限品种、限量、限时间使用人工合成的安全化肥、化学农药、渔药、饲料添加剂以及兽药等，但在上市检测时不得超标，且不能有农药残毒。

对樱桃产品的最基本的要求就是达到无公害甜樱桃产品标准，换言之，一般樱桃产品都要达到这一要求。

与无公害樱桃生产有关的主要国家标准或行业标准有：

《农产品安全质量无公害水果产地环境要求》（GB/T18407.2-2001）

《农产品安全质量无公害水果安全要求》（GB/T18406.2-2001）

《无公害食品 樱桃》（国家农业行业标准 NY5201-2004）

下面分别将不同因素的标准作简单介绍。

一、产地选择

选择无公害果品生产基地并不是所有适宜甜樱桃生长的土地都可以。一般来讲，无公害果品生产基地要具有良好的生态环境，果园远离城镇、交通要道（公路、铁路、机场、车站、码头等）以及工矿企业等，同时还要有一定的土地面积。

二、空气质量

无公害果品生产要求，为了保持果面清洁，果实不能受到有害空气和灰尘等的影响。所以，这就要求果园周围不能有排放有害、有毒气体的工矿企业。根据我国国家标准《农产品安全质量无公害水果产地环境要求》（GB/T18407.2-2001），总悬浮颗粒物、氮氧化物、二氧化硫、氟化物和铅等5种污染物在无公害水果产地空气环境中的含量应符合下列要求，见表1-1。

表1-1　无公害水果产地空气质量指标

项　目	季平均	月平均	日平均	1小时平均
总悬浮颗粒物（标准状态）/（毫克/立方米≤）			0.30	
二氧化硫（标准状态）/（毫克/立方米≤）			0.15	0.50
氮氧化物（标准状态）/（毫克/立方米≤）			0.12	0.24
氧化物（标准状态）/（微米/平方分米·天≤）		10		
铅（标准状态）/（毫克/立方米≤）	1.5			

三、土壤环境

因为土壤质地在不同地区各有不同，而许多有毒有害物质可能蕴藏在有的土壤中，这些物质会通过根系的吸收，传导至果实中，从而造成有害物质的残留量超标。因此，要对土壤中的铅、砷、汞等有毒物质在建园之前进行检测，其残留量必须符合国家生产无公害果品标准要求，一旦为超标土壤，就不宜建园，否则生产出的果品很难达到优质无公害标准。

根据我国国家标准《农产品安全质量无公害水果产地环境要求》（GB/T18407.2-2001），砷、铅、镉、汞、铬等5种重金属及农药滴滴涕（DDT）和六六六在无公害水果产地土壤环境中的含量应符合下列要求，见表1-2。通常一个采样单位是1～2公顷，采样深度为0～60厘米，一个土壤样品要多点混合（5个点）。

表 1-2 无公害水果产地土壤质量指标　　　单位：毫克/升

pH 值	总汞 ≤	总砷 ≤	总铅 ≤	总镉 ≤	总铬 ≤	六六六 ≤	滴滴涕 ≤
<6.5	0.30	40	250	0.30	150	0.5	0.5
6.5~7.5	0.50	30	300	0.30	200	0.5	0.5
>7.5	1.0	25	350	0.60	250	0.5	0.5

四、灌溉用水

在优质无公害甜樱桃生产中，要求使用无污染的清洁水进行灌溉，不能使用被工业"三废"污染的池塘水或河水等，城市生活废水和人的粪尿等也不宜直接进行灌溉。

根据我国国家标准《农产品安全质量无公害水果产地环境要求》（GB/T18407.2-2001），无公害水果生产灌溉用水的 pH 值及氰化物、氟化物、氯化物、铅、镉、汞、砷、六价铬、石油类等 9 类污染物的含量应符合下列要求（表 1-3）。

表 1-3 无公害水果产地农田灌溉用水质量指标

单位：毫克/升

pH 值	氧化物 ≤	氰化物 ≤	氟化物 ≤	总汞 ≤	总砷 ≤	总铅 ≤	总镉 ≤	六价铬 ≤	石油类 ≤
5.5~8.5	250	0.5	3.0	0.001	0.1	0.1	0.005	0.1	10

五、农药和肥料使用标准

（一）农药使用标准

1. 禁止使用的农药

在农业生产中，禁止使用的农药如下：有机氯类杀虫剂三氯杀螨醇（含 DDT）和六六六、DDT（高残留）、有机砷类杀菌剂福美砷（高残留），氨基甲酸酯类杀虫剂克百威、涕灭威和灭多威（均属高毒）、二甲基甲脒类杀虫剂杀虫脒（慢性中毒，致癌），有机磷类杀虫剂甲拌磷、乙拌磷、久效磷、对硫磷、甲基对硫磷、甲胺磷、甲基异硫磷和氧化乐果（均属高残留）等。

2. 允许使用的农药种类

生产无公害果品允许使用的农药如下：生物源农药为井冈霉素、农抗 120、灭瘟素、春雷霉素、多氧霉素、浏阳霉素、华光霉素和中生菌素等；活体微生物农药如苏云金杆菌（Bt）、蜡质芽孢杆菌和蜡蚧轮枝菌等；动物源农药为性信息素；植物源农药为鱼藤酮、烟碱、除虫菊素、大蒜素、印楝素、苦楝、川楝、植物乳油剂和芝麻素等。矿物源农药为硫悬浮剂、石硫合剂、硫酸铜、王铜、氧化铜、波尔多液和可湿性硫等；机油乳剂、矿物油乳剂等。

3. 有限制使用的农药种类

在无公害果品生产中，有限制地使用的农药如下：杀虫杀螨剂为毒死蜱、吡虫啉和氯氟氰菊酯等，最多每年可以使用两次，间隔 21 天以上。双甲脒每年最多使用三次，间隔期 20 天。使用氯氰菊酯时间隔期为 21 天，每年最多可以使用三次。使用氰戊菊酯的间隔期为 14 天，每年最多可以使用三次。甲氰菊酯使用间隔期为 30 天，每年最多可以使用三次。辛硫磷的使用间隔期是 7 天，每年最多可以使用四次。氯苯嘧啶醇每年最多使用三次，安全间隔期 14 天。杀菌剂有烯唑醇的安全间隔期是 21 天，每年最多可以使用三次。亚胺唑每年最多使用三次，安全间隔期为 28 天。氟硅唑的安全间隔期为 21 天，每年最多可以使用两次。代森锰锌每年最多使用三次，安全间隔期为 10 天。

4. 施用农药时应遵循的原则

（1）所有农药的施用浓度与施用方法，都要按照国家的规定执行。

（2）施用的农药要选择标准中列出的低毒和中毒农药。

（3）严禁使用剧毒、高残留、高毒农药。

（4）要严格按照规定执行农药的施药量和安全间隔期。

（5）基因工程品种及制剂要严禁使用。

（二）肥料施用标准

1. 允许施用的肥料种类

（1）有机肥料，如沤肥、沼气肥、饼肥、厩肥、堆肥、绿肥和作物秸秆等。

（2）腐殖酸类肥料，如褐煤、风化煤和泥炭等。

（3）微生物肥料，如固氮菌、磷细菌、硅酸盐细菌、复合菌和根瘤菌等。

（4）有机复合肥。

（5）无机（矿质）肥料，如硫酸钾、矿物磷肥（磷矿粉）、矿物钾肥、石灰石、钙镁磷肥和粉状磷肥等。

（6）叶面肥料，如植物生长辅助物质肥料、微量元素肥料等。

（7）其他有机肥料。

堆肥要进行 5~7 天 50℃以上的发酵，将病菌、虫卵和杂草种子等彻底杀灭，去除有机酸和有害气体等，并经过充分腐熟后才可以施用。

2. 限制施用的化学肥料

在无公害果品的生产过程中，化学肥料并不是绝对不可以用，而是要在有机肥料大量施用的基础上，根据果树的具体需要，合理科学地限量施用。但一定要注意禁用硝态氮肥。原则上可以配合施用化肥和微生物肥、有机肥，可将化肥用作基肥或追肥。但在采果前的 30 天应停止施用化肥。

（三）果品安全卫生指标

关于无公害果品的安全卫生指标的要求，主要是指重金属、农药残留以及其他有害物质等要有一定限量，2005 年公布的行业标准《无公害食品　落叶核果类果品》（NY 5112-2005）中，对包括甜樱桃在内的无公害核果类果品安全指标限量作出了明确规定，对无公害樱桃的有害金属和农药残留提出了具体要求（表1-4）。因此，在无公害生产优质甜樱桃的过程中进行病虫害防治时，为了降低果品中的农药以及其他有害物质最高限量，要求只能施用高效低毒无公害的药剂。

表1-4　绿色食品鲜食桃果实有害物质残留量标准

单位：毫克/千克

项　目	限量/（毫克/千克）	项　目	限量/（毫克/千克）
马拉硫磷	不得检出	杀螟硫磷	≤0.4
甲拌磷	不得检出	倍硫磷	≤0.05
对硫磷	不得检出	辛硫磷	≤0.05
久效磷	不得检出	百菌磷	≤1.0
氧化乐果	不得检出	多菌灵	≤0.5
甲基对硫磷	不得检出	氯氰菊酯	≤2.0
克百威	不得检出	溴氰菊酯	≤0.1
水胺硫磷	≤0.02	氰戊菊酯	≤0.2
六六六	≤0.1	三氟氯氰菊酯	≤0.2
DDT	≤0.1	抗蚜菌	≤0.5
敌敌畏	≤0.2	除虫脲	≤1.0
乐果	≤1.0	双甲脒	≤0.5
砷（以 As 计）	≤0.5	锌（以 Zn 计）	≤5.0
汞（以 Hg 计）	≤0.01	铜（以 Cu 计）	≤10.0
铅（以 Pb 计）	≤0.2	氟（以 F 计）	≤0.5
铬（以 Cr 计）	≤0.5	亚硝酸盐（以 $NaNO_2$ 计）	≤4.0
镉（以 Cd 计）	≤0.03	硝酸盐（以 $NaNO_3$ 计）	≤400

第二章
甜樱桃的生物学特性

第一节　甜樱桃的生命周期与生长周期

● 生命周期

樱桃从种子发芽形成新的个体直至植株死亡的过程叫做樱桃的生命周期。樱桃的寿命长短与种类、砧木、立地条件、管理水平等有很大关系。中国樱桃的寿命一般可达 50～70 年，高者可达到 100 年；甜樱桃的寿命可以达到 80～100 年；但樱桃的经济结果年限一般在 20～30 年，具体说，甜樱桃树定植 3～4 年后开始结果，进入盛果期要 10 年后，单株产量约为 50 千克。

甜樱桃从定植到衰亡，大体经历幼龄期、初果期、盛果期、衰老期 4 个阶段。

一、幼龄期

幼龄期一般指从种子萌发形成新的植株到最初开花结果的这段时期。这一阶段也叫营养生长期，因为此时以樱桃的营养生长占绝对优势。

生长旺盛是甜樱桃幼龄期生长的主要特点，这一时期樱桃树不断加长加粗且生长活跃，可以达到超过 1 米的年生长量，一年生的枝径可超过 1.5 厘米，分枝比较少。营养在树体中的积累比较晚，大部分营养物质都用于器官的建造，对花芽的形成和结果不利，即使形成丛状短枝也并不能成花。

如果从经济角度看，自然是越短的幼龄期越好。形成新植株的营养器官和砧木类型对幼龄期的长短会产生直接影响。当形成新植株的营养器官为处于年幼的发育阶段（如种子）时，植株的开花结果就会较晚，幼龄期也就随之较长；而如果形成的新植株的营养器官是处于较老的发育阶段（如接芽等）时，就会提前开花结果，幼龄期也将随之缩短。通常情况下，砧木苗的幼龄期为 4～5 年，如果是矮化或半矮化的砧木苗幼龄期就会提前 1～2 年。

幼龄期在樱桃树体形成的过程中是比较重要的时期，这一时期营养生长旺盛，树势强健，根系与地上部分都迅速扩大，特别是具有顶端生长优势，通常有明显的中心干可以形成，有比较强的成枝力。此期在生产管理上应及时进行定干、整形，为促使多发枝，增加枝叶量，要采用春季刻芽、夏季连续摘心、短截等措施；还要抑制营养生长以促进营养积累，以尽量达到缩短营养生长期的目的，主要采用的办法是拉枝、扭梢。这一时期的关键任务是培养树形。

二、初果期

初果期又称生长结果期，是指植株开始结果到大量结果前的一段时期。随着樱桃树龄的增长，根系、树冠的不断扩大，根量、枝量成倍增长，枝的级次增高，其生理代谢会发生重大转化，开始由营养生长转入生殖生长，最显著的变化是植株开始开花。

进入初果期，甜樱桃的部分外围枝会保持继续旺长，而中、下部枝条则会提前停长并进行分化；中短枝及丛状枝量增加，长枝减少，相对缩短了营养生长期，提前积累营养物质，内源激素也随之产生变化，提供了一定的物质基础以备花芽分化，丛状枝的周侧和中短枝的基部的花芽量都会随着枝量的增加而增多。

这一时期，在栽培管理和修剪方面都逐渐趋于复杂，在扩大树冠、继续培养骨架的同时，要注意对树高的控制，对树势进行相应抑制，以促使其及早转入盛果期。可采取夏季多次摘心、扭拉过旺枝、对直立旺枝进行扭梢等措施，以起到对树势进行控制的作用。如果措施得当，5~7 年便能进入盛果期。

三、盛果期

盛果期又称结果生长阶段，是樱桃经济结果年限的主要部分，樱桃栽培的效益也主要体现在本期。这一时期的树冠和根系都扩展到最大程度，生长和结果趋于平衡，产量稳定且比较高。发育枝的年生长量在 30~40 厘米，干周继续增长，结果将树冠布满，并逐渐开始由内向外、自下而上发生转移。骨干枝的树木稳定，并逐渐减少延长生长，分枝也减少，各级骨干枝延长头逐渐转化为结果枝。

这一时期为了改善内膛光照，防止内膛枝枯死、结果部位外移等情况发生，要注意在修剪上采用短截、疏除过密枝、回缩等方法；土肥水管理上通过增施有机肥和深翻改土等方法，来增强根系的活力；通过加强花果管理并进行合理负载，以提高果品质量和维持健壮的树势。盛果期一般可延续 15~20 年。

四、衰老期

甜樱桃的衰老期是指从植株衰老至全株死亡。这一时期的生理特点为，随着树龄的不断增长，树体机能逐渐衰老，枝条生长衰弱，根系开始萎缩，冠内、冠下部开始有枝条枯死，产量和品质也日益下降。伴随着各种器官和组织功能的逐渐衰退，最后全株死亡。

生产管理上应尽量推迟衰老期的到来，要注意利用潜伏芽更新骨干枝、树冠和结果枝组，要加强土、肥、水的管理，同时要加强根系的管理以促发活力。

生长周期及物候期

樱桃树的年周期生长发育规律主要有休眠和生长两个时期。

一、休眠期

从秋季落叶到第二年的春季萌芽之间的时段称为甜樱桃树的休眠期。不同树龄的甜樱桃树以及同一树体的不同部位和各器官进入休眠的时间并不完全一致。通常成树停止生长要比幼树早一些，幼树进入休眠也比较晚；芽开始休眠是在新梢停止生长后，而其他地上部分进入休眠则在落叶后；休眠最晚的部位是根颈部，它也是解除休眠最早的部位。休眠期一般分为以下两个阶段。

（一）自然休眠期

为了保证正常的萌芽生长和开花结果，甜樱桃树在落叶后需要经过一定量的低温时间，而这一定量的低温时间就叫自然休眠期。通常以樱桃树的需冷量来计算其自然休眠期，需冷量因品种不同而不同。樱桃树的需冷量一般为 0～7.2℃经过 733～1400 小时。进行樱桃设施栽培的关键技术依据就是需冷量，一般达到需冷量后就可以进行促成栽培。

（二）强迫休眠期

指结束自然休眠期后，因为外界环境仍处在严冬季节，而被迫进行的休眠。这一时期的结束只能等春季温度回升后，休眠期结束开始发芽。

二、生长期

（一）营养生长

枝叶与根系的生长，叫做营养生长。樱桃根系的活动是在每年土壤解冻后开始进行的，这时的根系开始向地上部分输送必要的营养、水分和激素，同时开始新根的生长。当可以达到8℃左右的日平均气温时，樱桃的芽就开始萌动，萌发叶芽后就会开始展叶，接着是一个短暂的新梢生长期，时间为7天左右，此时会有6~7片叶子长出，成为一个叶簇状新梢，长5~8厘米；新梢在开花期间的生长比较缓慢；花谢了之后，新梢就开始进入了速长期；从果实的硬核期到成熟阶段，新梢几乎完全停止生长；在果实采收后，新梢会有另一个速长期，时间约10天。

樱桃会在新梢的生长完全停止后到落叶之前，开始进入营养积累期。此时因为并没有新生营养器官的消耗，叶片的自身营养及光合产物会流向芽、枝和根系中进行贮藏，以利于樱桃树安全越冬，同时又是其第二年正常生长的保证。

一般情况下，因营养生长旺盛，幼龄期的樱桃树每年可达50~80厘米的新梢生长量，幼龄树的新梢第一次停止生长的时间要比成龄树晚10~15天，进入雨季后其新梢还会有第二次甚至第三次生长；成年树每年的新梢生长量能达到20~40厘米，因品种不同，其新梢停止生长的时间也各不相同。另外，晚熟品种的新梢停止生长的时间较晚，生长量也比较大。

樱桃新梢生长与根系生长交替进行，即新根在新梢停止生长时会逐渐增加其生长量；而在枝叶的生长旺期，新根就会逐渐减缓生长。

（二）生殖生长

樱桃的开花结果称为生殖生长，这一生长发育完全是消耗性的。首先是花芽萌动、膨大及开花、授粉、受精，这时主要以树体上年贮藏的养分为营养消耗。为了利于营养供应与合理有效利用，此时要做好萌芽期与花期的追肥和疏蕾、疏花、疏果等工作；在谢花后，进入果实的第一次速长期，这时需要大量养分，且果实生长容易与新梢生长进行养分的竞争，所以要加强肥水供应；果实发育进入第二次速长期是在果实进入硬核成熟期，此时生殖生长占绝对优势；成熟的果实采收后，樱桃便进入了花芽的分化时期，这一时期一直到第二年开春后才会结束。在生长发育过程中，樱桃树体的营养生长与生殖生长是交替进行的，二者是矛盾的统一体。如果营养生长过旺就会出现落果和花芽分化不良的现象；而如果过多坐果则会使新梢的生长削弱，所以要通过疏花疏果、肥水管理和夏季修剪等来进行适当调节，以保证二者能够维持一个动态平衡。

三、物候期

在日常生产管理上，通常会根据生产环节将休眠期与生长期分成 7 个阶段，即休眠期、萌芽期、开花期、新梢生长期、果实发育期、花芽分化期、落叶与休眠期。结合樱桃的生长发育，要将各地各阶段的发生时间详细记录，上述各个时期即为物候期。

第二节 甜樱桃各部分特性

根

一、根系的种类及作用

按发生的部位不同可将甜樱桃的根系分为主根、侧根和不定根。由砧木种子的胚根发育而成的根是主根；从主根上长出的根称为侧根，侧根上还可以长出分支；不定根是从茎基部长出的根。

按照其来源，可将樱桃的根分为实生根系和茎源根系两大类。由种子的胚根发育而来的叫做实生根；由压条、扦插、分株等营养繁殖方式在茎上所生的不定根发育而来的称为茎源根系。樱桃栽培品种的枝条也具有一定的生根能力，可以进行扦插育苗或组织培养，也可以在嫁接部位培土刺激生根，以克服"小脚病"。

根据根系在土壤中的生长方向，可将甜樱桃的根分为水平根和垂直根两类。水平根是向土壤四周生长的根系，起着扩大土壤营养面积的作用。垂直根是指向土壤深处生长的根系，主要有吸收土壤深层的水分、养分及固定树体的作用。一般在播种育苗时，由实生根形成的根系中，垂直根是比较发达的，其根系的分布层也比较深；由压条、分株繁殖或扦插砧苗时，由茎原根形成的根系，垂直根一般不发达，但其水平根发育相对强健，有大量的须根，在土壤中根系的分布相对较浅。

二、根系的结构与分布

砧木种类、砧苗繁殖方式、土壤条件及管理技术等都会对根系的分布及结构特点产生影响。

（一）砧木种类不同，根系的分布及结构不同

中国大樱桃有发达的根系，分布比较浅，但向水平延伸的范围很广。以中国樱桃进行嫁接的二十七年生的甜樱桃，水平根的伸展可长达 11 米，是树冠冠径的 2.5 倍还要多；考脱砧也有较发达的根系，细根、侧根多，有较强的固地性，嫁接苗生长旺盛，对土壤也有较强的适应性，相对也比较耐涝，唯独一点，容易感染根癌病。

（二）砧木繁育方法不同，根系的分布和结构不同

通过播种进行繁育的砧木苗，有比较发达的骨干根，尤其是垂直根，而且其根系分布也比较广；通过压条等方法进行繁育的砧木苗，垂直根一般不发达，但水平根的发育很强健，有大量须根，在土壤中的分布较浅。

（三）土壤条件和管理水平不同，根系的分布和结构不同

透气性好、土层深厚以及管理水平较高时，根量会比较大，且有比较广的分布范围，垂直生长也深。据调查，嫁接在中国樱桃砧木上的二十五年生的大紫，如果管理较好、土层较深，其根系分布主要集中在 30~60 厘米的土层中，其根系垂直与分布几乎比管理较差的同龄树要深 1 倍。如果土壤中施用了多效唑，就会对樱桃根系的生长起到一定的限制作用，尤其是施用量较多时，会有明显的"毒害"症状表现出来，严重时甚至使部分根系死亡。

芽

一、甜樱桃芽的种类及其特性

甜樱桃的芽属于单生，一般没有多芽并生的复芽情况。甜樱桃的芽可以按其性质，分为花芽和叶芽两类：花芽开花、结果；叶芽只展叶、抽枝。通常情况顶芽都是叶芽，而腋芽中既有叶芽，也有花芽。

（一）叶芽的特性

甜樱桃的叶芽呈尖圆锥形，比较瘦长，分布于发育枝的叶腋、各类枝条的顶端以及混合枝、长果枝的中上部。萌发后的叶芽，抽枝、展叶，从而形成结果枝与各级骨干枝，扩大树冠，增加结果部位。

甜樱桃芽有很强的萌发力，通常一年生枝的芽几乎可以全部萌发，但其成枝力相对要弱一些。不同的品种、各不同年龄的芽其成枝力的高低也会不同。从其生长发育的不同年龄看，成枝力最强的是幼树期，进入结果期后会开始逐渐减弱，到盛果期时，甚至会出现有的抽不出枝来的情况。

甜樱桃的芽具有早熟性。有一些往往是在形成的当年萌发，从而使枝条可以在一年中出现多次生长。特别是在旺树与幼树上，副梢的抽生情况也常发生。这样就为人工摘心、促使迅速扩大幼树的树冠、尽早结果，提供了有利条件。

（二）花芽的特性

甜樱桃的花芽为尖卵圆形，肥圆，比叶芽饱满。除了在花束状果枝、短果枝和中果枝上着生外，在混合枝基部、长果枝的 5~8 个较大腋芽，一般也是花芽。樱桃的花芽是纯花芽，即不能抽枝长叶，只能开花结果。在春天萌芽时，花芽与叶芽的这种差别会更加明显。每个花芽会开花 1~5 朵，大多数开 2~3 朵。甜樱桃的花序呈伞形。

通常情况下，在开花结果以后，原来着生花芽的地方就会光秃。所以，在顶端（或前部）的叶芽抽枝延伸生长的过程中，树冠内膛与枝条后部很容易出现光秃现象，从而导致结果部位外移较快。

二、樱桃芽的萌芽力、成枝力及潜伏芽的生命力

将一年生的樱桃枝上芽的萌发能力的大小称为萌芽力；成枝力是指一年生樱桃枝上的萌发抽生长枝的能力。一般的樱桃都有较强的萌芽力，但不同樱桃品种其成枝力则有所不同。甜樱桃的成枝力相对要弱一些，一般情况下会在剪口下抽生出中、长发育枝 3~5 个，其余的芽会抽生出叶丛枝或短枝，有极少数基部的芽会变成潜伏芽（即隐芽），并不萌发。不同品种与不同年龄时期的甜樱桃，其萌芽力和成枝力也会有所差异。如雷尼、那翁、滨库等品种有较高的萌芽力，但相对来说其成枝力却比较低；幼龄期的萌芽力与成枝力都比较强，进入结果期后开始逐渐减弱，而到了盛果期以后的老树，中、长发育枝往往就抽不出来了。

樱桃的潜伏芽有很长的寿命，七十至八十年生的中国樱桃大树，当其大枝或主干受到刺激或受损后，潜伏芽就会萌发出枝条来更新以前的主干或大枝；二十至三十年生的甜樱桃大树也很容易更新其主枝，樱桃的这一宝贵特性可以较好地维持结果年龄并延长其寿命。

三、花芽的分化及影响因素

分化时期集中、分化过程迅速，是甜樱桃花芽分化的特点。正常情况下，采果后的 1~2 个月时间是甜樱桃花芽的形态分化期。大体上可以将形态分化的过程划分为花原基显现期、花萼原基分化期、花瓣原基分化期、雄蕊分化期以及雌蕊分化期 5 个时期。据研究，闭合的花蕾和花粉囊在越冬前，就已经存在于花芽中。

品种、树龄、树势、果枝类型以及各年的气候状况等对大樱桃花芽生理分化和形态分化的迟早都会产生一定影响。通常晚熟品种分化期要晚于早熟品种分化期；弱树、成龄树会早于幼树、旺树的分化期；有的停长早的枝条开始分化的时间会早于停长晚的枝条；天旱年份中分化期会早于多雨年份的分化期。

因为甜樱桃花芽分化期比较集中，且分化过程迅速，所以对营养条件的要求比较高。如果营养条件不良，就会对花芽的发育质量产生一定影响，有的甚至会出现雌能败育花朵。雌能败育花的发生，可能与植株体内激素组成的变化或雌蕊延期发育（有时 10 月可观察到子房，有时子房会迟至第二年 3 月出现）有关。雌能败育的花朵，极短的柱头，通常会短缩在萼筒内，花瓣还没有落时，子房和柱头便已经黄萎，所以完全不能坐果。在长势较强的树上，则中、长果枝及混合枝的败育花率较高，在长势较弱的树上，花束状果枝的败育花率较高。这种现象的出现一般可能跟新梢生长和花芽分化的节奏以及品种的分枝习性有关。分枝力强、长枝多的植株或品种，败育花率就比较高；反之，则败育花率会比较低。这是因为在甜樱桃果实采收后，长势壮旺的树上的新梢会出现一次速长期，此时会比较多地消耗养分，以致对花芽的发育质量产生一定影响，从而增加了混合枝基部及中、长果枝的腋花芽的败育花率。

甜樱桃花芽分化需要合适的内源激素和充足的有机营养作保证，

提高有机营养水平的条件包括抑制过旺营养生长、合理负荷、保叶及充足的肥力；抑制营养生长、促进根系生长和减少负荷，有利于减少赤霉素的量和增加细胞分裂素的量，从而使细胞分裂素与赤霉素的比例加大，使芽的分化方向朝有利于花芽的方向发展。

　　根据甜樱桃花芽分化的特点，为了提供花芽分化所需物质，在采收之后需要及时浇水施肥，补充果实的消耗，加强根系的吸收，以促进根系的生长，增强枝叶的功能。否则，如果对土、肥、水的管理放松，就会使花芽的数量减少，从而降低花芽的质量，加重柱头低于萼筒的雌蕊败育花的比例。

枝

一、甜樱桃枝条的种类

　　按甜樱桃枝条的性质，可以将其分为结果枝和营养枝（也称发育枝）两类。不同龄期，结果枝与发育枝的比例会不同。营养枝在幼树上占相对优势，进入盛果期之后，营养生长就会逐渐减弱，开始多开花结果，树体生长势也随之趋于平缓，此时抽生发育枝的能力越来越弱，发育枝几乎没有，都转化为结果枝。

　　营养枝没有花芽，只有大量的叶芽着生，叶芽萌发后，开始抽枝展叶，制造树体需要的有机养分，扩大树冠，形成新的结果枝。结果枝是指同时有花芽和叶芽着生，但以花芽着生为主，第二年即可以开花结果的枝条。营养枝与结果枝的比例在不同的年龄时期各不相同。

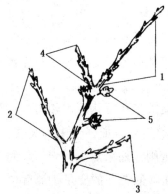

图2-1　樱桃的果枝

1.混合枝　2.长果枝　3.中果枝
4.短果枝　5.花束状果枝

二、甜樱桃结果枝的类型及特点

甜樱桃的结果枝按其长短和特点分为混合枝、长果枝、中果枝、短果枝和花束状果枝五种类型。（图2-1）

（一）混合枝

混合枝是由营养枝转化而来的，长度一般在20厘米以上，仅在枝条基部的3～5个侧芽为花芽，其他的芽都是叶芽。混合枝既能开花结果，也能发枝长叶，具有开花结果和扩大树冠的双重功能，但通常混合枝条上的花芽质量会比较差，坐果率也低，果实成熟晚，品质差。混合枝是初果期的主要结果枝。

（二）长果枝

长果枝一般长度为15～20厘米，除其邻近几个侧芽及顶芽是叶芽外，其余都是花芽。结果以后，中下部会光秃，只有叶芽部分会有不同长度的果枝继续抽生。一般情况，在初果期的幼树上长果枝所占的比例比较大，进入盛果期之后，长果枝的比例就会大减。长果枝的比例因品种的不同而有差异，小紫、大紫等品种的长果枝比例会较高，也会有较高的坐果率；而那翁、雷尼、滨库等品种的长果枝比例就会相对较低。因此，在栽培上应根据品种的特性，培养相应的结果枝。

（三）中果枝

中果枝的长度一般为5～15厘米，除顶芽是叶芽外，侧芽都是花芽。中果枝一般在二年生枝的中上部着生，数量不多，也不是樱桃的主要结果枝类型。

（四）短果枝

短果枝的长度在 5 厘米左右，除顶芽是叶芽外，其余侧芽都是花芽。短果枝一般在二年生枝的中下部着生，数量较多，花芽的质量高，有较强的坐果能力，果实品质好，是甜樱桃结果的重要枝类。

（五）花束状果枝

花束状果枝的长度很短，每年仅生长 0.3~0.5 厘米，年生长量很少，除顶芽是叶芽外，其余侧芽都是花芽。这类果枝是甜樱桃进入盛果期以后最主要的结果枝类型，花芽质量好，坐果率高。花束状果枝的节间极短，花芽密集簇生，开花时宛如花簇一样。其寿命较长，通常可以维持 7~10 年甚至更长时间连续结果，在树体发育较好、管理水平较高的情况下，这类果枝可连续结果 20 年以上。但如果管理不当，树体出现枝条密集、通风透光不良或上强下弱时，树冠下部及内膛的花束状果枝就容易枯死，造成结果部位外移。

甜樱桃的品种如那翁、滨库、抉择、维卡、雷尼以短果枝和花束状果枝结果为主；而大紫、小紫、养老、早红宝石、红蜜等品种以中、短果枝结果为主。甜樱桃壮旺树和初果期树中、长果枝占的比例较大；树势偏弱或进入盛果期以后的树，其花束状果枝和短果枝所占的比例较大。樱桃各类果枝之间可以随着栽培措施和管理水平的改变而互相转化。在栽培中，要根据各品种、树种的结果特性，通过合理的整形修剪技术和土肥水管理来调整各类结果枝在树体内的布局及比例，以实现壮树、丰产、稳产的目的。

三、各类果枝及果量在树冠中的分布

（一）各类果枝在产量构成中的作用

品种不同、年龄时期不同，都会使不同类型的果枝在产量构成中的作用产生不同变化。成枝力强的品种，初果期乃至盛果期的壮树，其结果量在产量构成上占重要地位的是相当数量的长果枝和混合枝。而对于成枝力弱的品种，构成其果实主要产量的是花束状果枝。

（二）果枝及果量在树冠中的分布

品种不同、树的年龄以及修剪技术不同等，都会影响果枝及果量在树冠中的分布。有些成枝力强的品种，其二至十年生的骨干枝的枝段上，随着骨干枝枝龄的增长果枝总量也会增加。各年龄段间的结果量分布，也表现相同的趋势，即随着枝量、枝龄的增长而增加。而在一些以花束状果枝结果为主、成枝力弱的品种上，果量及果枝在树冠中的分布，比成枝力强的品种要均匀得多。

修剪技术不同时，果量及果枝在树冠中的分布状况也不一样。放任不剪或粗放修剪时，会导致果量与果枝向树冠外围外移。而细致修剪，尤其是在经常进行更新修剪的情况下，果量与果枝就会比较均匀地分布在树冠中。

叶及叶幕

一、叶片及功能

春天樱桃萌芽展叶，根据品种不同，颜色也各异，有浅紫红色、淡红色、紫红色等。叶片随着叶龄的增加，逐渐变为绿色、深绿色，叶的背面生有白色短绒毛，整体呈淡绿色。甜樱桃大部分品种为大型叶，叶片大多呈长椭圆形，长 8～10 厘米，宽 6～10 厘米。因品种和着生枝条的种类不同，叶片的大小也不同。一般短果枝上的叶片都较小，而且大小差异较大。叶的面积大，就会形成饱满的花芽，第二年的坐果率就会高。一般情况下一个果必须保证有 2～3 片叶，100 平方厘米以上的叶面积，才能对结实率和果实品质有较高保障。

每个樱桃叶柄上都会有 1～2 个蜜腺体，在生长旺盛的季节，会有透明的蜜汁从蜜腺体内分泌出来，蜜汁分泌随着腺体的老化而结束。果实的颜色与蜜腺体的颜色有一定的相关性。

一旦展开叶片，光合作用就会开始，总叶片的生物学产量与单位面积叶片的光合效率是果实产量的基础。单位面积叶片的光合效率受树体生理状态和多种外界因素的影响。

樱桃是喜光的植物，充足的光照是其合成更多的光合产物的来源。甜樱桃的光补偿点为 400 勒克斯，饱和点为（40~60）×103 勒克斯；叶片同化率在 15~35℃时较高，25℃时可以达到最大值，如果超过 30~35℃就会迅速下降；叶片的光合作用在二氧化碳的浓度从 0 增加到 600 毫克/升时会迅速提高，光合作用的饱和点是二氧化碳浓度到 800~1000 毫克/升时；叶片的营养状况也是光合速率的重要影响因子。

二、展叶后叶幕形成

在樱桃开花期之前的 1 周左右是樱桃的展叶期，随着新梢的初期生长，逐渐展开叶片，叶面积也在逐日扩大。谢花之后，叶片数量随着春梢的迅速生长而不断增加，叶片面积也迅速扩大。叶面积的增长速度在果实硬核期前后开始渐渐趋缓。一般到 5 月中下旬，春梢中下部的叶片就会生长；而随着新梢的生长，新梢中上部的叶片会依次展出。通常情况下，新梢加长生长停止后叶片面积的扩大也就停止了。花束状果枝上的叶片，其最终叶面积大小及生长节奏，一般与长枝春梢基部的 1~3 片叶相近。

在北方落叶果树中，甜樱桃全树的总叶面积和叶片数量属于中等类型，要比苹果、梨等仁果类果树低，但比桃、李和杏等核果类果树要高。

因品种和整形方式的不同，树冠中叶幕的分布方式各不相同。通常成枝力强、离心生长迅速的品种，其树冠中外部的叶幕量就会比较大；而成枝力弱、离心生长缓慢的品种，树冠中叶片的分布就会比较均匀。层性明显的树形和品种，整个叶幕层性分布就明显；放任生长的树以及层性差的品种，则叶幕的层性分布也就差一些。

花

一、花器特点

甜樱桃每个花芽中会有花朵 1 ~ 5 个，一般以 2 ~ 3 朵为多，可以坐 1 ~ 3 个果，是一个小花序。每一朵花由花柄、花萼、花瓣和雌蕊、雄蕊组成，每朵花有 40 ~ 42 枚雄蕊，每个花药有 6000 ~ 8000 粒花粉，花粉粒有的是三角形，但多数是长椭圆形，一般花粉粒的长径为 42 ~ 43 微米，短径为 27 ~ 27.5 微米，在果树中属大花粒。吸水后的花粉粒会膨胀成球形，有的花粉粒吸水后不膨胀是因为发育不完全。如果夏季高温干燥，第二年一朵花就会有 2 ~ 3 个雌蕊出现。

樱桃会有雌蕊退化、子房和柱头因萎缩而不能结实的情况发生。甜樱桃的花通常有四种类型：雌雄蕊等长、雌蕊高于雄蕊、雌蕊明显低于雄蕊、雌蕊缺失，前两种情况可以正常坐果，后两种情况为无效花，不能坐果。与其他落叶果树相比，甜樱桃花粉量少。

二、开花特性

从樱桃的花芽萌动到花瓣脱落一般分为花芽膨大期、露萼期、露瓣期、初花期、盛花期和落花期 6 个阶段。当日平均气温达到 12℃以上时樱桃开始开花，花期通常持续 7 ~ 14 天。品种、树龄、树势、果枝类型以及天气情况的不同对樱桃开花的迟早和花期的长短都会有所影响。从不同树龄、树势看，大树、弱树花期较早，幼树、壮树花期较晚。在同一株树上，一般树冠中上部的花要比下部的花开得晚；短果枝、花束状果枝的花要比长果枝、混合枝上的花早开。另外，春季温度低的年份开花晚，花期较长；春季温度高的年份开花早，花期较短。

早春的霜冻对开花期早的樱桃，会有较大影响。从萌芽、开花到果实生长的不同发育时期对低温的耐力各有不同，其致害临界温度分别为：

花蕾期-1.7℃，开花期和幼果发育期-1.1℃。樱桃开花期要注意防霜、防寒，并作好防风、防旱准备，以保障其正常萌芽开花。

三、授粉受精

樱桃开花后数小时内，花药就会破裂随之释放出花粉。在樱桃花开放4天之内，雌蕊的柱头都保持着最强的授粉能力，5～6天授粉能力中等，7天后便几乎不再有授粉能力。大多数大樱桃品种的自花结实率很低，可通过蜜蜂、壁蜂和人工等协助其完成授粉。

樱桃约需要48小时，来完成从开花、传粉到授粉的全过程，有时可能会延长到2～3天。樱桃授粉过程中，当具亲和性品种的花粉落在柱头上后，就会开始萌发。花粉萌发后，原生质连同其内壁从萌发孔向外突出，然后伸长成为花粉管；花粉管萌发后，一般在2～3天内就能经过柱头的细胞间隙进入花柱，然后再需要2～4天才能穿过中果皮到达胚珠，从珠孔经珠心进入胚囊；在胚囊中花粉管顶端破裂，放出两个精子，其中一个精子与两个极核结合发育成胚乳，另一个与卵细胞结合形成合子，以后发育成胚。

果

一、果实的构造

经过授粉受精后，樱桃花的子房就发育成了果实。樱桃的果实由外果皮、中果皮和内果皮 3 部分组成。在果实发育的初期，果皮是软的组织；进入硬核期，内果皮会硬化为坚实的种壳，保护着种胚。而中果皮就会发育成果肉，主要由薄壁细胞组成，是果实的可食部分。甜樱桃果重的 88%～94% 为其可食部分，大大高于中国樱桃的可食率。1 层角质层、1 层表皮细胞和 1～2 层下皮细胞组成了果实的外果皮。果实的外表皮有许多气孔，一般每平方毫米有 10～15 个，不同品种其气孔的密度也不同。

二、果实的生长规律

樱桃的果实发育期是指从授粉受精后子房开始膨大直到果实成熟。樱桃的果实发育期很短，通常只需要 30～50 天。栽植区域、品种不同等因素决定了果实发育期的长短各不相同。一般早、中熟品种为 30～40 天，晚熟品种也只有 40～50 天。樱桃的果实发育过程有两个迅速生长期，中间有一个缓慢生长期，故呈双 S 曲线。

（一）速长期

樱桃果实第一次迅速生长期是从子房膨大到果核开始木质化之前，可持续 8～15 天，子房壁、胚、胚乳迅速发育，果实迅速膨大，果核增长至果实成熟时的大小是这一时期的主要特征。

（二）硬核期

根据品种的不同可持续 10～20 天，是核硬化和胚发育期，主要特征是果实生长缓慢，果核木质化，而胚不断发育充实，胚和核壳迅速生长，核壳逐渐硬化，光合同化物主要用于种子消耗。

（三）硬核到果实成熟

是果实的第二次迅速膨大期，同时果实着色，历时约 15 天，这一时期果实的体积和重量迅速膨大，特别是横径加速增大，可溶性固形物含量、果重增幅等均达到最高值。据测定，果实总重量的 50%～70% 都是在这一时期增加的。

第三节 甜樱桃生长对环境条件的要求

温度

制约甜樱桃生长发育的关键因素就是温度，在特定的温度条件下甜樱桃才能正常生长、开花和结果。甜樱桃适于生长在年平均气温 10～12℃ 的地区，要求一年中要有 150～200 天日平均气温在 10℃以上。甜樱桃的萌芽期要求 7℃ 以上的平均气温，10℃ 左右是最适宜的温度；开花期要求的平均气温为 12℃ 以上，15℃ 左右是开花期的最适宜气温；果实发育期和成熟期适宜平均气温为 20℃ 左右。果实的发育速度、果实大小和果实品质等都受发育期间平均气温高低的影响。

甜樱桃对低温适应能力的顺序是：甜樱桃杂交种耐寒能力较强；其次为软肉品种，如大紫、黄玉、早紫；再次为硬肉品种，如滨库、那翁等。除上述因素外，甜樱桃植株本身贮藏养分的含量对其适应低温的能力也有影响。

● 土壤

甜樱桃树体进行生长发育的基本条件就是土壤，所以园内的土壤状况对甜樱桃的生产效益有很大影响。甜樱桃适于土层深厚的壤土、山地砾质壤土和沙壤土，要求应有 1 米左右的活土层厚度，土壤中的有机质不能低于 1%，土质疏松、透气良好、保水性较强。pH 值为 6.0～7.5 的土壤适宜甜樱桃生长。甜樱桃对盐碱反应敏感，如果在含盐量超过 0.1% 的土壤栽培，就会出现生长结果不良的现象。在透水性不良或地下水位过高的土壤中生长不良，一般在雨季最高地下水位也不应高于 100 厘米，在黏重和排水不良的土壤上进行栽培，就会表现出根系分布浅，树体生长弱等症状，这样既不抗风，又不抗旱涝。特别是用马哈利樱桃做砧木的甜樱桃，最忌黏重土壤。土壤中的交换性钙、镁和钾离子也会对甜樱桃的生长发育产生较大影响，在氧化镁与氧化钾含量比较高，交换性钙、镁较多的土壤中甜樱桃会生长良好。淋溶黑钙土的土壤断面中因为没有有害的盐类，所以是甜樱桃高产栽培理想的土壤。普通黑钙土中碱的盐渍化程度很弱，且有丰富的腐殖质层，土壤疏松，土质肥沃，吸收能力很强，理化性状良好，也适宜甜樱桃生长。

水分

　　甜樱桃是一种喜水果树，但对水分状况又十分敏感，既不抗旱，又不耐涝。土壤湿度过高时，常引起枝叶徒长，不利于结果；土壤湿度低时，尤其是夏季干旱，供水不足，新梢生长受到抑制，引起大量落果。年降水量为500~800毫米对大多数甜樱桃品种都比较适宜。土壤的含水量降到7%时，就会发生叶片萎蔫的现象；土壤含水量下降到10%时，其地上部分就会停止生长；如果田间持水量持续48小时达到饱和的状态，就容易造成沤根、涝害或死树。如果年降水低于500毫米，又没有灌溉条件，此时就很难保证樱桃对水分的需求，从而影响其生长发育。如果降水量过多，而院内又排水不良，则容易引起涝害。在果实膨大和成熟期如果过多降水，则会引起裂果。同时，因甜樱桃喜光性强，降水量过多的阴雨天会导致光照不足，影响树体发育。

　　从甜樱桃在全世界各国的栽培分布区来看，大都选在近沿海地带或靠近水系流域。我国甜樱桃的主要栽培区也主要分布在渤海湾旁的山东省烟台市、辽宁省大连市等地区。因为这两地都靠近海，年降水量在600~900毫米，气温变化波动小，空气也比较湿润。

　　樱桃和桃、杏、李等核果类果树一样，根部需要浓度较高的氧气，因为它们对缺氧非常敏感。如果土壤黏重，排水不良，就会导致土壤中的水分过多，从而造成土壤中的氧气不足，而对根系的正常呼吸作用产生影响。更为严重时会出现地上部流胶、烂根等状况，甚至导致树体因衰弱而逐渐死亡。若土壤中的水分不足，则常会引起树体早衰，形成"小老树"，而使产量降低，果实品质也较差，同时，夏季干旱还会引起严重落果。因此，在常有春旱的地区，果实发育期间要注意灌水。

甜樱桃年周期内各个生长发育期对水分的需求状况也各有差异。果实发育需水的临界期是在果实发育第二期（硬核期）的末期。此时，如果出现干旱少雨天气，要适时进行灌水，才可以保证果实的正常发育。在果实发育期，如果前期干旱少雨但又没有浇水，而在接近成熟时偶尔浇水或有降雨，往往会造成裂果而降低果实品质。所以，对既不耐涝又不抗旱的甜樱桃，尤其是在我国春旱夏涝的北方，春灌夏排是生产管理中进行水分管理的关键。

光照

甜樱桃是喜光树种，在光照条件、管理条件良好时，树体健壮，花芽充实，坐果率高，果实成熟早，着色好，果实糖度高，酸味少，且果枝寿命长；相反，如果光照条件差，树冠外围的枝梢就容易徒长，冠内的枝条比较弱，花芽发育不充实，坐果率低，果实成熟晚，果枝寿命减短，结果部位外移，果实品质差。因此，必须在光照条件良好的阳坡或半阳坡建立樱桃园，同时采取适宜的栽植密度和进行合理整形修剪，使其保持良好的通风透光。

风

风对樱桃栽培影响很大。严冬大风易造成花芽受冻，枝条抽干；花期大风易将柱头的黏液吹干，从而影响昆虫授粉；秋季如果遇到台风，则会对樱桃造成更大损失。所以，如果在有大风侵袭的地区栽培甜樱桃，一定要营造防风林或选择小环境良好的地段建园。

第三章

甜樱桃优良
品种选择

第一节 甜樱桃当前主要栽培品种

● 大紫 ◀◀◀

又名大叶子、大红樱桃、大红袍，原产于前苏联，在克里木地区有 190 余年的栽培历史，1794 年被引入英国，19 世纪初引入美国。引入我国的时间是 19 世纪末期，最开始引入山东烟台，后传至河北、辽宁等地，是目前我国的主栽品种之一。

果实心脏形或宽心脏形，平均单果重 6.0 克左右，最大果重可达到 10 克。果梗中长而较细，不易落果。初熟时果皮为浅红色，成熟后变深紫红色或紫红色，富有光泽，皮薄且易剥离。浅红色至红色的果肉，汁多味甜，质地软，因成熟度和产地不同可溶性固性物的含量也不相同，一般为 12% ~ 16%，品质中上等，果核较大，可食率为 90%。开花期一般比那翁、雷尼晚 5 天左右，但果实发育期为 40 天左右，相对来说比较短，在山东半岛，一般的成熟期为 5 月下旬至 6 月上旬，在鲁中南地区是 5 月中旬成熟，成熟期不太一致，所以需分批采收。

幼树期枝条较直立，随着结果量增加逐渐开张，树势强健。萌芽力高，成枝力较强，枝条细，节间长，树体不紧凑，树冠内部容易光秃。长卵圆形的叶片，叶片特大，平均长 10 ~ 18 厘米，宽 6.2 ~ 8 厘米，所以别称为"大叶子"。

大紫外形美观，品质较好，果实成熟早，有较高的商品性，同时又是优良的授粉品种。是果农喜欢栽植的一个品种，尤其是在鲁南地区抢占早期市场具有重要作用。前苏联有相关报道，成龄树有 100 千克左右的株产，最高株产可以达到 700 千克，抗褐腐病。果肉软，耐贮性差，较丰产。此品种适合在城市近郊、交通便利及早春回暖快的地区适当发展。

那翁

那翁又名大脆、黄洋樱桃、黄樱桃，是原产于欧洲的一个古老品种。德国、法国、英国等早在 18 世纪就已经开始栽培，是甜樱桃中生食与加工的优良品种。1862 年美国园艺学会将那翁这一品种加在其果树名录上，引入山东烟台是在 1880 ~ 1885 年期间，是烟台、大连等樱

桃产区在 20 世 80 年代的主栽品种之一，目前推广面积逐渐减少。

果实大小中等，心脏形或长心脏形，单果平均重约 6.5 克，最大果重约 8 克。近圆形或尖圆形果顶，果梗长，不易与果实分离，落果轻，如果在成熟时遇雨容易裂果。乳黄色果皮，阳面有红晕，间有深红色大小不一的斑点，富光泽，果皮较厚韧。浅米黄色果肉，汁多，甜酸可口，肉质脆硬，品质上等，可溶性固形物的含量为 14%～16%，可食部分为 93.36%。在鲁中南地区的成熟时间为 6 月上旬；在烟台地区 6 月中旬成熟。自花结实能力比较低，需配置大紫、红灯、水晶等授粉品种。该品种是很好的鲜食加工兼用品种。

树姿较直立，树势强健，树冠半开张，萌芽率高，成枝率中等，枝条粗壮，节间短，树冠紧凑。成龄树长势中庸，盛果期树多以短果枝、花束状果枝结果为主，中长果枝较少，树冠内枝条稀疏。结果枝的寿命比较长，结果部位外移较慢，高产稳产，叶为长倒卵圆形，或长椭圆形，叶片较大，厚而浓绿。

那翁有较强的抗寒力与适应性，在沙壤土和山丘砾质壤土栽培，丰产性状良好。树株产在盛果期一般有 30～50 千克，最高株产可达 200 千克，果实宜鲜食也适合加工。花期耐寒性高，如果在果实成熟期遇雨，比较容易裂果，较耐贮运。对土壤条件要求较高，可在有灌溉条件、土壤肥沃的地方发展。

莫利

1989 年从意大利引入山东，原产法国。果柄短，果实呈肾形；平均单果重 7 克左右，最大 12 克；果皮为浓红色，完熟时呈紫红色，有光泽，鲜艳美观；果肉红色，肥厚多汁，可溶性固状物含量为 17%，风味酸甜，口感好；果实不裂果，品质优，耐贮运。果实发育期约 40 天，采收后可在常温下贮藏 7～10 天。

生长势强，萌芽力、成枝力高，树姿开张，花芽大且饱满，易成花，4月中旬开花，5月中旬果实成熟，比大紫、红灯早熟1周。通常栽后三四年即可结果，第五年的平均株产约为5.5千克，第六年为8.5千克。

抗寒抗旱，适应性强，在沙壤土和山丘砾石土壤中栽植生长良好。丰产性好，生产中常作副栽品种或授粉品种栽培。适宜授粉的品种有红灯、芝罘红、鸡心等。

红灯

是仅次于大紫的重要早熟品种，由大连农业科学研究所于1973年培育而成。其杂交亲本为黄玉×那翁。在山东、河北、辽宁等地均有栽培，目前我国西北地区也已引种试栽。

果实大，肾形；果个大小整齐，果柄粗短，平均单果重约9.6克，最大果可达14.0克；坐果率62.6%，裂果率7.1%。果皮呈浓红至紫红色，有鲜艳光泽，外形美观；果肉淡黄、半软、汁多、风

味酸甜适口；可溶性固形物含量18.2%，可溶性糖14.48%，维生素C为16.89毫克/100克，干物重20.09%；核小、半离核，可食部分达92.9%。

成熟早，果实发育期45天，平均株产7.1千克。山

东半岛开始成熟在 5 月底至 6 月上旬，鲁中南地区为 5 月下旬成熟。休眠期低温需求量 850 小时，可以作为主栽品种。

幼树期直立性强，成龄树半开张，树势强健，一至二年生的枝直立粗壮，进入结果期的时间较晚，萌芽率高，成枝力强，盛果期后，产量较高。将外围的新梢进行中短截后，平均可以发 4 个或 5 个长枝，中下部的花芽萌发后通常会形成叶丛枝，但幼树当年的叶丛枝不易成花。叶丛枝随着树龄的增长会逐渐转化为花束状短果枝，由于其较旺盛的生长发育特性，一般 4 年即可结果。初果期的年限比较长，到盛果期以后，会有大量花束状短果枝形成，此时的生长和结果都趋于稳定。适宜的授粉品种有那翁、滨库、巨红、大紫、红蜜等。

红丰

是 1979 年烟台芝罘区农林局在世回尧镇大东夼村发现的，又名状元红。目前在烟台芝罘区、莱山区及泰安等地有栽培，但因其成熟期太晚，所以栽培面积不大。

果实中等大小，单果平均重约 6 克，大的可以达到 8 克以上，心脏形，果顶尖有较明显的缝合线，果梗中粗而短，不易与果实分离，落果轻。果皮呈深红色，有光泽，外观极美。有淡黄色小圆点在皮下，果肉为米黄色，质地硬，口感细腻，汁较多。可食部分达 91.3%，可溶性固形物 15%，甜酸适口，风味佳，品质上乘。果核较大，黏核。每年的

6月中旬在鲁中南地区、6月下旬在烟台地区成熟，果实较耐贮运。

该品种树势中庸，枝条粗壮，节间短，叶片多，树姿开张，树冠紧凑丰满，有较高的萌芽率和成枝率。较丰产，早坐果，但成熟较晚，如果在采收前遇雨易发生裂果，适合防雨栽培。

美早

美国华盛顿州大学普洛斯灌溉农业研究中心杂交培育而成，亲本为斯太拉×早布莱特，1988年由大连市农业科学研究所引入我国。是早熟的大果品种，果个大小整齐一致，果实呈宽心脏形，顶端稍平。单果平均重约9克，最大的单果重可达15.6克。果实颜色为紫红色或紫黑色，有光泽，非常艳丽美观。浅黄色果肉，酸甜适口，风味佳，质脆，品质优，可食率达92.3%，可溶性固形物含量为17.6%。果柄特别粗短，耐贮运。

大连地区4月中下旬开花，果实成熟为6月上旬，比红灯晚熟2~3天，但成熟期一致性要比红灯好很多。

树姿半开张，树势强健，幼树结果以中长果枝为主，花芽大，易成花，盛果期主要以花束状果枝和短果枝结果，较丰产，有较强的抗病、抗寒性。

芝罘红

原产于山东烟台芝罘区，是烟台市芝罘区农林局于1979年在上夼村偶然发现的一实生株。原称烟台红樱桃，为避免与大紫的异名混淆，1998 年山东省科委将其正式定名为芝罘红。在鲁中南及烟台地区有栽植，表现出良好的生长结果。

大型果实，单果平均重约 8 克，最大单果重可达 9.5 克。圆球形果实，在梗洼处缝合线有短深沟；果梗长 5.6 ~ 6 厘米，比较粗，不易与果实分离，采前落果较轻。鲜红色果皮，有光泽，外形极美观。浅红色果肉，汁多，酸甜适口，质地较硬，风味佳，品质上等。可溶性固形物的含量较高，一般为 15%，可食部分 91.4%。果皮不易剥离，核较小、离核。相对于大紫，成熟期要晚 3 ~ 5 天，但几乎和红灯同熟，成熟期比较一致，一般经过 2 或 3 次便可采完。

枝条粗壮，直立，树势强健。萌芽率高，成枝力强，将一年生的枝进行中短截后，能萌发成枝的芽可达 89.3%。进入盛果期后，结果以短枝为主，各类果枝的结果能力都比较强，有较好的丰产性，七年生的树单株产量可达到 15 千克。叶片长约 13.6 厘米，宽约 5.8 厘米，比较大。

该品种早熟，果个大，外形极美观，果肉较硬，耐贮运性强，品质好，丰产，有较强的适应性，是我国目前大力提倡发展的红色早熟品种之一。

早大果

原产于乌克兰的大果型优良新品种，由山东省果树研究所引入我国。在郑州地区栽培平均单果重 7 ~ 8 克，最大单果重可达 13 克。果实初熟期果面着鲜红色，逐渐变为紫红色，8 ~ 10 天变为紫黑色。

果色艳丽美观，果面有较厚的蜡质层，晶莹光亮有透明感。果实呈阔心脏形，紫黑色的缝合线，有一明显隆起在果顶的下处，梗洼较浅、中广。果皮较厚，红色果肉，半硬肉，肉质肥厚，汁多，风味酸甜可口，品质上等。33~38天的果实发育期，通常在5月上旬成熟，成熟期相对比较集中。

该品种树体干性较弱，中心干上的侧生分枝，基角的角度大，树冠开张，生长势中庸。一年生枝条较软、较细，节间较长。幼树一年生枝较易形成花束状结果枝，也易形成中、短果枝，较早进入结果期，白花不实。叶

片较厚，呈长椭圆形，深绿叶色，先端锐尖，锯齿较钝。夏季高接的树，第二年就会形成花芽，大量结果会从第三年开始。对冻害有较强的抗性。果实成熟期早于红灯4~6天，32~35天的果实生育期。如果过晚采收，果实会变成紫红色，表面的光泽度随之变差。适合在保护地或早春温度高的地方栽培。

先锋

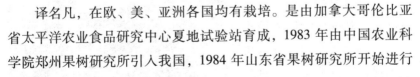

译名凡，在欧、美、亚洲各国均有栽培。是由加拿大哥伦比亚省太平洋农业食品研究中心夏地试验站育成，1983年由中国农业科学院郑州果树研究所引入我国，1984年山东省果树研究所开始进行试栽。

圆球至短心脏形果实，果个大小整齐，平均单果重约8.1克，完全成熟时为紫红色果实，光泽艳丽，有较明显的缝合线，果梗短、

粗。果皮厚而韧，玫瑰红色果肉，肥厚，肉质脆硬，汁多，可溶性固形物含量为 17.2%，风味酸甜适口，可食率为 91.8%。55～60 天的果实发育期。鲁中南地区 6 月上中旬、山东半岛 6 月中下旬成熟。

枝条粗壮，树势强健。有较好的丰产性，很少裂果，适宜的授粉树是那翁、雷尼、滨库。先锋的花粉量比较多，是极好的授粉品种，经过多点试栽后，其有非常好的早果性和丰产性，且果个大，抗裂果，耐贮运，可进一步扩大试栽。

拉宾斯

为自花结实品种，由加拿大育成，其杂交组合为先锋×斯坦勒，是加拿大重点推广的品种之一。1988 年引入山东省烟台市。

大型果实，单果平均重约 8 克，近圆形或卵圆形果实，紫红色，有光泽，美观。果梗中粗、中长，不易萎蔫；果皮比较厚韧，果肉肥厚，果汁多，质脆硬，风味佳，品质上等，可溶性固形物的含量为 16%。在山东烟台地区成熟期为 6 月下旬，较耐贮运。

拉宾斯有极好的早果性，成苗进行栽培后，第二年即可结果。其树体的结果结构良好，花束状果枝连续结果能力强，丰产性极好。自然坐果率为 82%，自花结实率为 31%，65～70 天的果实发

育期，属于极晚熟的品种。花粉量大，是一个比较广泛的花粉供体，可为大多数品种作授粉树。

雷尼

是美国农业部和华盛顿州农业实验站于1960年共同开发的品种，其亲本为滨库×先锋，以产地华盛顿州海拔4500米的雷尼山命名，中国农业科学院郑州果树研究所于1983年引入我国，1984年引入山东果树研究所进行试栽，传到烟台是在1985年，现已经在鲁中南地区开始推广。

大型果实，平均单果重8～9克，最大果重可达12克。宽心形或肾形果实，果实以黄色为底色，阳面着鲜红的色晕，晶莹亮泽，艳丽诱人。黄色果肉，无色汁液，汁量中等，酸甜适口，风味浓郁，可溶性固形物的含量为17.6%，品质优良。核小，离核，可食部分达93%。耐贮运，抗裂果，畸形果极少，加工生食皆宜，常温情况下有6～7天的货架寿命。在鲁中南山区6月初成熟，在山东半岛6月上中旬成熟，是一个丰产优质的优良品种。

枝条粗壮，节间短，树势强健，树冠紧凑，结果以短果枝为主，早果丰产，栽后3年开始结果，在第5至第6年即可进入盛果期，五年生的树可达到株产20千克，花粉量多，是滨库的良好授粉品种。

滨库

是美国俄勒冈州于1875年从串珠樱桃自然实生后代中选育而成的，是北美早期栽培面积最大的甜樱桃品种之一，也是目前美国、加拿大的主栽品种之一。1982年山东外贸从加拿大将其引入山东省果树研究所。

大型果实，平均单果重约7.2克，果实形状呈心脏形，果顶平，梗洼宽、深，果梗粗短，靠近梗洼处的缝合线一侧有短深沟。浓红色至紫红色果皮，果皮厚，外形美观。粉红色果肉，汁多，质地脆硬，酸甜适度，品质上等，核小，半离核。在鲁中南地区6月上中旬，山东半岛6月中下旬成熟，果实有较好的丰产和稳产性能。耐贮运，如果在采前遇雨会有裂果现象。适宜的授粉品种有早紫、红灯、大紫、斯坦勒等。

枝条粗壮、直立，树势强健，树姿较开张，树冠大，多数为花束状结果枝，叶呈倒卵状椭圆形，叶片较大。优质，丰产，有较强的适应性，较耐贮运，属于晚熟的优良品种。

萨米脱

加拿大太平洋农业食品研究中心夏地试验站于1973年育成的中

晚熟品种，又名萨米特、皇帝。烟台果树研究所于 1988 年引进，2006 年通过了山东省林木品种审定委员会的审定。

长心脏形果实，果个均匀一致，平均单果重约 9.1 克，最大单果重可达到 13 克，果顶尖。紫红色果实，果皮中厚，有光泽。红色果肉，肥厚多汁，纤维少而细，果肉致密，质较脆，较硬，风味酸甜适口。核小，可食率为 93.47%，可溶性固形物的含量为 16.5%，品质上等。果柄中长，中粗，采前不落果。在正常室温条件下有 6 ~ 7 天的货架寿命。55 天左右的果实生长期，属于中晚熟品种。如果着色期遇到降雨会出现裂果。

树势比较强健，但程度不及红灯。枝条粗壮直立，干性强，分枝角度小，易包头生长，成枝力较强。在苗木栽植后的第二年会有个别植株结果，山东省烟台市区 6 月中下旬成熟。

艳阳

由加拿大太平洋农业食品研究中心夏地试验站于 1965 年育成，亲本为先锋×斯坦勒。是拉宾斯的姊妹系，属于中熟、高产品种。

该品种为大型果实，果实形状呈宽心脏形或肾形，有明显向内凹的缝合线。在加拿大平均单果重约 13.12 克，最大果实可重达 22.5 克。而在我国郑州地区其平均单果重仅有 8.45 克，最大单果重为 15.6 克，果个大小比较均匀。暗红色果皮，有光泽，果皮较厚。玫瑰红色果肉，红色果汁，肉脆，较硬，酸甜适口，味道醇厚，比

宾库和先锋的酸度低。可溶性固形物的含量为 17.9%。核中等大小，93.3% 的果实可食率。正常室温条件下有 5～7 天的货架期。果柄中粗、中长，不易落果。在大连地区每年的 4 月中下旬开

花，7 月上旬果实成熟，70～80 天的果实发育期。属中晚熟品种，如果在果实成熟期遇雨会出现裂果现象。

树势强健，幼树生长较直立，树冠在盛果期逐渐开张，易成花，自花结实能力强，丰产、稳产，果实耐贮运，抗寒性较强。

友谊

原产于乌克兰，由山东省果树研究所于 1997 年引进，2007 年通过了山东省农业品种审定委员会的审定，属于中晚熟大果型品种。

果实呈扇心脏形，较大，据有关报道，单果平均重可达 13～18 克。鲜红色至紫红色，果面较光滑，有较厚的蜡质层，色泽光亮，缝合线细，紫黑色，果顶平展。果柄中粗较长，红色果肉，硬肉，肉质肥厚，甜酸适口，耐贮运。可溶性固形物的含量为 16%～19%，品质极佳。在郑州地区，果实成熟于每年的 6 月上旬，是一个优良的晚熟品种。如果采收前遇雨，会出现少量裂果。

生长势较弱，成枝力中等，树冠开张，萌芽率高。

将幼树一年生的枝进行短截后，可抽生出长枝 3 或 4 个。新梢基部粗、梢部细尖，生长较直立。叶色浅绿，叶片为长椭圆形，幼叶是黄绿色。叶缘锯齿较钝、中等大小，大小相间不整齐。

斯坦勒

该品种是加拿大育成的首个自花结实的甜樱桃品种，被广泛引种试栽于世界各国。山东省果树研究所于 1987 年从澳大利亚引入，在烟台、泰安地区有少量栽培。

果实大或中大，平均单果重 7.1~9 克，最大果重约 10.2 克。心脏形果实，果梗细长。紫红色的果皮，光泽艳丽，淡红色的果肉，汁多，甜酸适口，质地致密，风味佳。可溶性固形物的含量为 10%~17%，果皮厚而韧，核中大，卵圆形，可食率为 91%。耐贮运，在鲁中南 6 月上旬成熟，山东半岛 6 月中下旬成熟。

树势强健，花粉多，能自花结实，是良好的授粉品种。丰产性、早果性均佳，抗裂果，可进一步扩大试栽。

龙冠

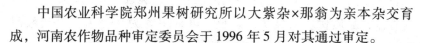

中国农业科学院郑州果树研究所以大紫杂×那翁为亲本杂交育成，河南农作物品种审定委员会于 1996 年 5 月对其通过审定。

阔心脏形果实，平均单果重约 6.8 克，最大果重约 12 克，果皮呈宝石红色，呈紫红色果肉及汁液，肉质较硬，汁液量中等，酸甜适口，pH 值 3.5，风味浓郁，品质优良。总糖为 11.75%，总酸为 0.78%，维生素 C 45.70 毫克/100 克鲜果，可溶性固形物达 13% ~ 16%。椭圆形果核，黏核，果实较耐贮运。

叶片肥厚，树体生长健壮，在郑州地区的气候条件下未发现花芽受冻害现象，开花整齐，自花坐果率高达 25% ~ 30%，适宜授粉品种为 3-9 优系和红蜜。通常每年的 4 月上旬开花，果实在 5 月中旬成熟，有 40 天左右的果实发育期。苗木栽植后第三年开始结果，平均株产约 3.8 千克，最高株产可达 6.2 千克，盛果期每 666.7 平方米产量可达 1200 ~ 1500 千克。

有较强的适应性和抗逆性，目前我国山东、山西、河北、安徽、贵州、新疆等地均已引种试栽。

兰伯特

原产于美国的品种，可能是心脏青×那翁的杂交后代。

心脏形果实，平均单果重约 6.0 克，紫黑色果实，有光泽，暗红色的果肉，汁液红色，汁多，肉质致密，脆硬，味甜稍酸，具有芳香味，品质优。果核小，黏核，可食用率为 93.5%，果实较耐贮运。

成枝力中等，花束状枝较多，树冠呈圆头形，直立稍小。易成花，花中等大小，每个花芽开花 1 ~ 4 朵，一般多为 3 朵。因该品种树冠较小，所以适于密植，有较好的丰产性。每年的 6 月下旬是果实成熟期。果实适于鲜食，加工果酱、酿酒，是美国的樱桃生产主栽品种之一。

巨红

又名 13-18，由大连市农业科学研究所杂交培育而成。

果实大，平均单果重约 10.25 克。阔心脏形果实，外观鲜艳有光泽，阳面有鲜红色晕及明显的斑点。浅黄色果肉，肥厚多汁，质密较脆，口味酸甜爽口，可溶性固形物 19.1%，干物质 19.82%，总糖 13.39%，维生素 C 10.75 毫克/100 克，总酸 0.27%，单宁 0.082%。果核卵圆形，中等大，黏核，可食率为 93.12%，较耐贮运。

生长旺盛，树势强健，萌芽力高，成枝力强，枝条粗壮，幼树期多直立生长，盛果期逐渐开张。早实性好，一般在定植后第三年即可见果，花芽大而饱满，一个花序可开花 1 ~ 4 朵，在原产地，开花时期是每年的 4 月

中旬，果实在 6 月底成熟，60 ~ 70 天的果实发育期，授粉树以佳红和红灯为最好。

该品种有较强的适应性，栽植范围广，辽宁省瓦房庙地区，陕西省西安市，安徽、苏北及四川高海拔地区均可栽植，在沿海地区，偶尔会在个别年份出现裂果现象。

佳红

又名3-41，1974年大连农业科学研究所以亲本滨库×香蕉杂交育成。

果实以黄色为底色，阳面有霞纹和斑点，呈鲜红色，果个较大，平均单果重约9.09克，最大单果可重约11.7克。浅黄色果肉，肥厚多汁，质细较脆，甜酸适口，风味浓厚，可溶性固形物含量为19.95%，干物质含量8.2%，含糖量13.17%。果核小呈卵圆形，黏核，可食率94.58%，果实较抗裂果，较耐贮运。

生长旺盛，树势强健，萌芽率高，成枝力强，枝条粗壮，幼树期生长较直立，盛果期树冠逐渐开张。一般在栽植后的第二年见花，第三年结果，平均株产约5千克。该品种成花易，花芽连年结果能力强，花芽大且饱满，每个花序会开花1~3朵，是甜樱桃品种中丰产性极佳的优良品种。在原产地每年的4月中下旬开花，果实在6月中下旬成熟，55~60天的果实发育期。

该品种试栽区较广，山东、辽宁、湖南、四川、安徽、陕西等地区的生态条件适宜地区，都可以进行栽种。

烟台一号

由山东烟台市芝罘区农林局于 1979 年选出，定名为烟台一号，该品种的生长和结果习性与那翁极为相似。果个大，平均单果重 6.5 ~ 7.2 克，大者 8 克以上，果面有紫红点。果肉脆硬，果汁较多，极甜，可溶性固形物含量有时高达 20%，品质极佳。果核小，可食部分达 95% 以上。

树势较强，直立，与那翁相比幼树期偏旺，进入结果期较晚。叶片大且长，叶缘锯齿大而钝，齿间浅，花极大，其他生长结果习性与那翁相似，可以在需要栽培那翁时用该品种代替。

第二节 品种选择原则

选择品种时，为了提高生产效益，首先要选择与当地自然条件和栽培目的相适应的品种，其次是选择果个大、品质好（含可溶性固形物 17% 以上）、果柄短而粗（平均单果重在 8 克以上，果柄长度在 2.0 ~ 3.0 厘米，粗度在 0.18 ~ 0.20 厘米或以上）以及色泽艳丽、抗裂果的品种。

因地制宜选择适栽品种

要适地适栽，选择与当地自然条件相适应的品种。温度、降水、日照等气候条件是选择品种时首先要考虑的因素，栽培品种必须要与之相适应。如果位于适栽区域的偏北地区，就要尽量选用抗裂果、耐寒力较强的中、晚熟品种；若处于适栽区的偏南地区，就要选择抗裂果、需冷量低的早、中熟品种；有严重晚霜危害的地区，要选择花期耐霜害的品种。根据生产实际，可以将我国甜樱桃的适宜栽培区域基本上划分为 4 个区，即环渤海湾地区、陇海铁路东段沿线地区、西南高海拔地区和分散栽培区。

环渤海湾地区包括山东、辽宁、北京、天津和河北，这一地区适宜选择中晚熟品种进行栽培。

陇海铁路东段沿线地区包括河南、江苏、安徽、陕西、甘肃以及山西南部等地区，这一地区适合选择早熟和极早熟甜樱桃品种栽培。

西南高海拔地区主要指四川，海拔较高、年日照时数在 2000 小时以上，不会发生严重冻害又可以满足其低温需要的地区，这一地区可以选择极早熟和极晚熟的品种栽培，主要是利用其不同海拔高度的生产优势。

分散栽培区包括吉林、黑龙江、宁夏等北方寒冷省区的保护地栽培区和新疆的露地栽培区，可以选择中熟和早熟品种进行栽培。

选择综合性状优良的品种

根据当地气候特点，要选择熟期适宜，稳产性好，丰产，有较强的抗逆性和适应性，综合栽培性状优良的品种。主栽品种应具有果个大（平均单果重 8 克以上），果柄短粗，抗裂果，需冷量低，果色红，自花结实率高或能自花结实等性状。授粉品种应具有与主栽品种授粉亲和性好，花粉量大，需冷量相近，果个大，品质好等性状。

合理调控品种结构

在露地园进行栽培，要合理搭配早、中、晚熟几种品种，根据果园面积的大小，要有 2～4 个主栽品种，以避免采收、销售过于集中。对不同成熟期的品种比例，要根据当地的自然条件进行科学确定。四川、江苏、安徽、河南、陕西等南部适栽区的物候期较早，果实成熟早，而早熟品种可以更早供市，从而会适当提高商品价值，所以这些地区应将早熟品种的栽培优势更好地突出出来。山东、河北、北京、天津、辽宁等地区属于北部适栽区，这一地区的物候期晚，相同品种的果实成熟期要晚于偏南地区，这些地区早熟品种的供市期接近于南部地区中、晚熟品种的成熟期，所以市场竞争力比较低，而南部地区无鲜果成熟供市时恰是这些地区的晚熟品种的成熟期，这就会有很大的市场空间，所以应将晚熟品种的栽培优势突出。

另外，以进行采摘、旅游观光为主的生产园，要将早、中、晚熟品种的比例均等开，不需要突出主栽，果实颜色上也应是红、黄色均等，以尽量将采摘时间延长。

61

保护地品种选择原则

　　温室和大棚主要以促早熟为目的，所以早熟和中熟品种是其首选，而且应选择果个大、果柄短而粗、果色红的品种。有的温室和大棚以延缓晚熟为目的，就应以晚熟和极晚熟品种为选择。进行防雨设施栽培应以中、晚熟和极晚熟品种为选择，高投入的栽培也要保证有高效益。

　　通过多年来保护地的生产实践证明，在以促早熟为目的的保护地中，红灯和美早在栽培产量和果品销售效益方面都有较好的表现，这两个品种作为主栽品种，在保护地栽培中表现出成熟期早、果柄短粗、果个大、抗裂果、货架期长等特点。在以延晚和防雨栽培为目的的保护地中，应以极晚熟的得利晚红、艳阳、金顶红、巨红、雷尼、8-102 等为主栽品种。

第三节　授粉品种配置

　　大多甜樱桃品种都是自花不实或自花结实率很低，即使是自花结实率高的品种，如果没有授粉树，其坐果率和产量也会降低，所以合理配置授粉树是建园时必须考虑的问题。主栽品种与授粉树品种之间要有很好的亲和力，而且要保证花期相遇。授粉树丰产性要好，要有较高的果实商品价值，花粉量要大。在露地进行栽培的授粉品种对当地自然条件要有较强的适应能力；保护地栽培的授粉品种与主栽品种的低温需求量要相近。甜樱桃主栽品种的适宜授粉组合，见表3-1。

表3-1　甜樱桃主栽品种适宜授粉组合

主栽品种	适宜授粉品种
红灯	佳红、巨红、红蜜、红艳、大紫等
美早	雷尼、佳红、拉宾斯、宾库等
金顶红	佳红、拉宾斯、先锋、巨红等
得利晚红	佳红、红艳、拉宾斯、先锋等
萨米脱	拉宾斯、斯坦勒等
早大果	抉择、早红宝石等
莫利	拉宾斯、先锋、佳红等
大紫	红蜜、红艳、那翁、宾库等
先锋	雷尼、拉宾斯、那翁等
巨红	佳红、雷尼、红艳等
雷尼	宾库、佳红、巨红、拉宾斯等
早红宝石	抉择、早大果等
5-106	红艳、佳红、8-129等
8-129	红艳、雷尼、巨红等
8-102	红艳、佳红、巨红等

无论是露地栽培还是保护地栽培，在甜樱桃主栽品种适宜授粉的组合中，都不应少于3个授粉品种。授粉品种的栽植株数应占主栽品种的20%～30%。

保护地栽培甜樱桃，对于授粉树最好不要单独栽植，其配置应以高接结果枝的方法来进行，即将2～3个授粉品种高接在每株主栽的品种树上，要解决授粉问题，每株授粉品种嫁接3～5个结果枝条即可。

露地园授粉树的栽植方式，通常都是是单独成行栽植，每隔3～4行栽1行授粉树。

山樱桃种子与毛樱桃种子形状与大小相似，生产中经常会把毛樱桃种子当做山樱桃种子误引的，这要引起引种者的注意。山樱桃每千克湿种子 7600～8000 粒，种子较圆，毛樱桃种子较山樱桃种子略长椭圆、略大，每千克湿种子 6500～7500 粒。

另外，酸樱桃通常也被称为大樱桃，所以在生产中经常会出现被当作甜樱桃误引进温室栽培的情况，这一点北方果农引种时要加以注意。

第四章

甜樱桃的苗木繁殖与建园

第一节 甜樱桃苗木的繁育

关于甜樱桃苗圃地

一、苗圃地标准

樱桃苗圃地，不能是任何果园栽培、任何树种育苗的迹地和盐碱地。要求为地面平整、排灌方便、土壤肥厚、光照充足、地下水位在 1 米以下的黄壤土或沙壤土。

在具体确定苗圃地点时，应重点考虑以下因素。

（一）地势

应选择日照良好、背风向阳、坡度不大于 5 度的倾斜地。因坡地雨季不积水，易排水，能保证秋季苗木及时停长，使枝条的成熟度增加，有利于苗木安全越冬。如果地块的坡度较大，就应先修筑梯田。对于平地苗圃，其一年中水位的升降变化不大，水位宜在 1～1.5 米或以下。如果在一些地下水位过高的低地，则排水工作要保证做好，否则不适合当苗圃地。对于易汇集冷空气容易形成霜眼的低洼盆地，因为易受涝害，排水困难，故不宜选作苗圃地。

（二）地点

种过樱桃以及桃、杏等核果类的地方不宜育樱桃苗，以免传染根癌病，即甜樱桃苗圃忌用重茬地；一般菜园地病菌多，土壤中能传染病菌的线虫也多，而且甜樱桃也容易感染土传病害，所以不能利用菜园地。另外，不要使水源通过有根癌病的土壤，以免病菌被水带来，引起甜樱桃的根癌病。

（三）土壤

以 pH 值为 5.6~7 的沙质壤土最为适宜。因其有较好的理化性质，适于微生物在土壤中活动，非常有利于种子发芽及幼苗的生长，而且起苗省工，不容易伤根。

（四）灌溉条件

充足的水分供应在种子萌芽和苗木生长的过程中，有非常重要的作用。幼苗生长期间耐寒力弱，根系浅，所以对水分有更为突出的要求，如果水分不能保证及时供应，就会造成幼苗停止生长，严重时甚至枯死。尤其在容易发生春旱的北部地区，必须要有充足的水源。此外，水质也应引起注意，甜樱桃对水质的要求要比其他树种严格得多，切勿使用会影响苗木生长的污水进行灌溉。

二、苗圃地的规划

进行苗圃地的规划应本着便于耕作管理和经济利用土地的原则，规范化的苗圃应包括母本园、采穗圃和繁殖区三大部分，并根据实际情况规划道路、苗木分级包装场地及排灌溉系统、防护林、必需的房舍等。

（一）母本园

主要是用来保存优良的种质资源，防止病毒的感染及种性的退化，作为采穗圃或下一级母本园的繁殖材料来源。对于繁育无病毒苗木，其母本园要比常规苗木繁育的母本园的管理措施更为严格，如建立防护网等；在生产管理中还应该进行严格的分类，如国家级母本园、省级母本园等。

（二）采穗圃

主要是为生产上提供良种繁殖材料，如自根砧木繁殖材料、优良品种接穗等。母本园、采穗圃要与砧木、品种的区域化要求相一致；保证无潜在的病毒和危险性病虫害；要对繁殖材料进行编号登记，建立相应的档案并绘制详细的平面图，以保证品种类型正确无误。要根据苗圃的规模来确定母本园和采穗圃的大小。

（三）繁殖区

根据所培育苗木种类分为自根苗培育区、实生苗培育区和嫁接苗培育区。为了方便耕作与管理，区划应结合地形，最好采用长方形，长度不短于100米，宽度可为长度的1/3～1/2；也可以以666.7平方米为单位进行区划。必须有计划地对繁殖区进行轮作换茬，避免连作。同一种苗木培育间隔期至少为2～3年，必要时也可对土壤进行消毒后再用。

三、苗圃地的整地施肥

（一）土壤深翻

播种以前，最好在头年的秋冬季节对土壤进行耕翻，至少应在20～25厘米的耕翻深度，以保证苗圃地的活土层足够，而且可以将土壤中部分越冬的害虫利用冬天的低温冻死。

（二）土壤消毒

如果所选苗圃地的前茬作物对甜樱桃育苗不适宜，就应先将土壤进行消毒。常用的土壤消毒方法主要有以下两种。

1. 熏蒸消毒法

充分利用7～8月份高温季节的太阳热能，对土壤进行消毒。首先将田间杂草杂物清除，喷洒杀菌剂和杀虫剂以及甲醛等土壤熏蒸消毒剂，翻耕后用无破洞的农用膜严密覆盖住土表。膜下最高温度可达到65℃，农药在高温的促使下开始蒸发以达到消毒作用。

2. 药液消毒法

用清水将药剂稀释成一定浓度的药液后，直接浇灌到土壤中，使药液渗入到土壤深层，杀死土壤中的病菌或用喷雾器喷施于土壤表层。以喷施法对土壤进行处理，适宜大田、育苗营养土等。常用药剂有百菌清、多菌灵等。

（三）施肥

为了保证苗木生长健壮，应将基肥的施用量加大，使土壤的有机质含量逐步增加。施肥应注意以下几点。

（1）基肥以有机肥为主，并且量要足。每666.7平方米应施用不低于5000千克的优质农家肥，为使基肥的有效成分增加，可以同时混入速效磷、钾、氮肥料，如碳酸氢铵、尿素、过磷酸钙、草木灰等。

（2）一定是经过充分腐熟的农家肥，否则易引起芽枯病和肥害"烧苗"。

（3）基肥应充分混合在土壤内，深度应在15～20厘米的土层为宜，以保证有效利用肥料。

甜樱桃砧木的培育

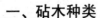

一、砧木种类

（一）中国樱桃

全国各地均有分布，以山东省、江苏省和浙江省为多，是我国目前主要采用的一种砧木，种源丰富。中国樱桃有较强的适应性，抗瘠薄，耐干旱，但不抗涝，耐寒力也较差，生根浅，须根发达。种子有较高的出苗率，扦插后容易生根，嫁接成活率比较高，能较早进入结果期。但实生苗容易生较重的病毒病，且因根系浅，若遇到大风极易倒伏。

（二）磨把酸

与甜樱桃嫁接有很强的亲和力，树冠大，固地性好，植株生长健壮，丰产，寿命长。容易感染根癌病是其最大的缺点。

（三）对樱

与甜樱桃嫁接有较强的亲和力，缺点是根系浅。近几年在北京市有较多应用，抗寒力比较差。通常用种子繁殖，将种子从成熟的果实中取出，然后冲洗干净立即沙藏，否则容易使种子的发芽力降低。在北京市，每年的3月下旬播种，也可用扦插繁殖。

（四）青肤樱

过去在辽宁省大连市应用较多。优点是易繁殖，与甜樱桃嫁接有很强的亲和力。缺点是根系较浅，不抗风，不抗旱，容易患根癌病。

（五）山樱桃

山东省威海市昆嵛山和辽宁省凤城、宽甸、本溪、岫岩山区均有野生分布。主要用种子繁殖，扦插不易成活，亦不发生根蘖。根系发达，极抗寒，与甜樱桃嫁接有较高的成活率。

植株为高大乔木，枝条粗壮，生长健壮，树冠半开张，结果早，果实黑紫或红紫色。4月下旬开花，果实在6月中旬成熟。

用山樱桃作砧木嫁接后常会出现"小脚"现象。不同山樱桃的类型也有较大差异，应选择适宜的种树用作砧木。如植株出现"小脚"现象，可用桥接法进行挽救。

（六）野生甜樱桃

为甜樱桃的野生种，又称马札德樱桃，用种子繁殖。根系深，耐寒力较强，耐旱，有较强的嫁接亲和力，适合黏土地生长。国外用此作砧木比较多。

（七）科特

1958 年由英国东茂林试验站用中国樱桃和欧洲甜樱桃杂交育成，于 1977 年推出，是鉴定过病毒的无性系砧木。嫁接在其后的树冠相对矮化，是马札德实生砧木的 70%～80%。刚定植后到长至第 4 至第 5 年这段时间里，其树冠与普通砧木的树冠大小没有明显差别。以后随着树龄的不断增长，其矮化效应就会明显表现出来。与甜樱桃斯坦勒和先锋品种嫁接亲和性好。在英国现用组织培养进行繁殖，使用压条繁殖尚有困难。

（八）渥本赫姆

为草原樱桃与酸樱桃的自然杂交后代，由德国渥本赫姆试验站从野生草原樱桃实生苗中选出。与大部分甜樱桃品种进行嫁接，都有较好的亲和性。嫁接在其上面的十二年生的树冠，是海德芬根树冠的 2/3。抗颈腐病，固地性良好，在美国已开始应用。

（九）大叶草樱

植株健壮，嫁接亲和力强，丰产。主根发达，有较强的适应性，对根癌病有一定的抗性。可用扦插、压条、种子繁殖。

（十）大青叶

从大叶草樱中选出。砧木的侧生主根生长力很强，根系发达，固地性好，抗风力强，有很强的嫁接亲和力，嫁接后愈合效果好，嫁接苗生长好。一般用压条、扦插繁殖。

（十一）莱阳矮樱桃

原产地山东省莱阳市，又叫中华矮樱桃，属于中国樱桃中的一种矮生类型。果个大，每千克 340 粒左右，单果重约 2.94 克，深红色，有光泽，圆球形，外形美丽。淡黄色果肉，质地致密，风味香甜。5 月中旬为其成熟期。

树体矮小紧凑，叶大而肥厚，树姿直立，树势强健，枝条粗壮，节间短。粗根多，分布深，固地性强，较抗倒伏。对土壤要求不严，在河滩地、山丘都能生长良好，但不能在黏土地上建园。与甜樱桃嫁接有很强的亲和力，成活率高，进入结果期早。

（十二）吉塞拉系列

20 世纪 90 年代由山东省果树研究所引入我国，原产于德国。1995 年后先后筛选出了吉塞拉 5、吉塞拉 6、吉塞拉 7、吉塞拉 12 等矮化砧木进行推广。目前，我国生产上对此系列应用不多。

二、砧木培育方法

砧木苗的繁育方法主要有种子直播法、枝条扦插法、分株法以及组织培养法等。生产中马哈利、酸樱桃、中国樱桃和山樱桃多采用种子直播法来培育砧木苗，中国樱桃还可采用分株或扦插等方法来培育砧木苗。因吉塞拉极少结果且没有种子，扦插又不易生根，所以生产中用其培养砧木苗多采用组织培养法。

（一）种子直播法

用种子繁殖砧木苗是生产中应用最多的方法，其特点为繁殖数量大，根系旺盛粗壮，成本低。

1. 种子采集与处理

必须在果实充分成熟后进行砧木种子的采集，采后将果肉洗净并将秕种漂去，将种皮放到阴凉处稍微晾干，不可以完全干燥和暴晒，如果将种子进行暴晒干燥，就会使其丧失生命力，应将表皮稍干后的种子立即沙藏，也就是进行层积处理。

沙藏时，以手握成团松手即散为沙的适宜湿度。应选择背阴冷凉干燥处挖沙藏坑，挖深50厘米的长条坑，视种子数量来确定其长宽，先将20厘米厚的湿沙铺进坑底，将种子与干净过筛的细沙按1∶5的比例混拌均匀后，装尼龙纱网袋平放坑内或直接放入坑内，中间放一秫秸把，将细湿沙盖在上面，厚度稍高出地面，要在坑上搭防雨盖，以防止因坑内积水引起烂种（图4-1）。

在贮藏种子期间要定期进行检查，防止过湿、过干及鼠害等情况出现。一般情况下，砧木种子需要100～180天的层积时间，种子开壳后即可播种。如果春季播种时间较晚，而贮藏坑内的温度已经超过了2℃，此时就应将种子自坑内取出并贮藏到0℃的冷库中，以防止其萌芽达2毫米以上，影响出苗率。

2. 播种及播后管理

春秋两季均可播种，土壤解冻后是春季播种的时间，秋季播种要在土壤结冻之前进行。11月份种子开壳后可以进行温室播种，通常采用营养钵育苗，到春季时再将其移入露地栽培。播种时要先将层积好的种子在室内进行催芽处理，要保持20℃左右的室温，种子露白后，即可开始播种。

应选择背风向阳的地块进行田间播种，土壤质地为壤土或沙壤土，苗圃地要有排水和灌溉条件。垄播是常被采用的播种方法，因垄播便于管理和嫁接，在播前要进行细致整地，设50～60厘米的垄宽，或在平地开沟进行条播。播后要将底格压平，在上面覆盖5～6厘米厚的潮湿细沙，如果土壤墒情不好，在开沟后可以先打底水之后再播种，直接盖细沙即可，不需要压底

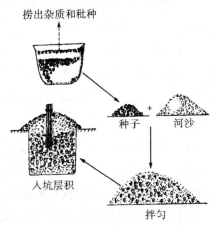

捞出杂质和秕种

种子 ＋ 河沙

入坑层积

拌匀

图4-1 种子层积方法

格。盖沙后在其上面覆地膜进行保墒，待种芽顶土时，为了使其通风，要在膜上扎孔，将地膜在出苗后顺行划开，2～3天后可以去除地膜。

山樱桃种芽的顶土能力比较弱，萌芽后再播种或种子上覆土，都不能保证全苗。每666.7平方米的种子用量，中国樱桃为10～12.5千克为宜，山樱桃为8～10千克较好。

对出土后的砧木苗要注意加强对立枯病的防治。生长期要加强肥水管理，进行适当蹲苗。嫩茎木质化后，要追施速效肥料，每666.7平方米追施磷酸二铵5千克、尿素5千克，共追2次，要在每次追肥后进行及时灌水。7月上、中旬以后开始适当控制肥水，并将0.3%～0.5%磷酸二氢钾喷施于叶面，以促使幼苗粗壮，增强其越冬能力和便于嫁接。若苗木粗度在8月下旬至9月上旬达到0.4厘米以上时，可带木质部进行芽接。对于冬季达到-18℃以下最低温的寒冷地区可以在第二年春季进行嫁接。用中国樱桃种子进行播种的砧木苗，在冬季要将根茎的嫁接部位埋土防寒。

（二）枝条繁殖法

枝条繁殖法也叫扦插繁殖，多用来繁殖中国樱桃苗，包括硬枝扦插和绿枝扦插两种方法。

1. 硬枝扦插

将母株外围的一年生发育枝作插穗，长15厘米左右、粗度为0.5～1.0厘米，剪平上端，把基部剪成马耳形。如果采条是在冬季进行，暂不剪成插穗，将每50～100根捆成一捆，贮藏于沟内或地窖内，用相对含水量为60%的湿沙进行封存，待扦插时再将其剪成插穗。在冬季贮藏期间，注意将湿度与温度保持在适宜的状态下，防止积水和冻害。也可以在春季随采随插。

硬枝扦插多采用高垄扦插法和高畦宽行扦插。高垄单行垄高为10～12厘米，垄距为30厘米，株距10厘米，垄和畦上覆地膜；高畦每畦双行，行距 30 厘米左右，株距 15 厘米。插前将插条基部用 ABT 生根粉浸 2~8 小时，然后将插穗斜插入内，斜度为 60 度，倾斜方向要一致，地膜外仅露一芽，插后要灌水（图4-2）。

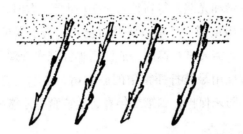

图4-2　硬枝扦插

在发芽期间尽量减少浇水次数，进行适量浇水，以防降低地温影响生根。插后约 25 天后即可生根，生根后注意加强肥水管理，雨季注意病虫害防治和排涝，硬枝扦插一般到秋季时都可以达到出圃标准或嫁接粗度。

2. 绿枝扦插

通常在 6~7 月份选择粗度在 0.3 厘米以上、半木质化的当年生枝，剪成长度 15 厘米左右的枝段作插穗。将插穗下部叶片摘除，保留上部 1~2 个叶片，并将叶片的 1/2~2/3 的先端部分剪去，随采随插。在苗床内铺上厚度 20 厘米左右扦插基质，可以采用消毒的河沙、蛭石、珍珠岩等。扦插时，将插条基部剪成斜面，蘸生根粉，以 70 度斜插入基质中，深度为插穗长度的 2/3（图4-3）。

图4-3　嫩枝扦插

采用拱棚设施或弥雾装置将空气湿度保持在 90% 以上，如果没有弥雾装置，则需要用遮阳网遮阴，保持 20000 勒克斯左右的光照强度，每周喷一次杀菌剂并且经常喷水。生根后，将空气湿度逐渐降低，增加通风量和光照，待新梢长出 10 厘米左右时，选择在阴雨天将其移栽至大田苗圃。移栽后要及时浇水，为了保证较高的成活率，在刚移栽时，需要进行遮阴，成活后加强肥水管理和病虫防治。

不能当年嫁接用绿枝扦插繁殖的砧木苗，冬季在容易发生冻害的地区需要进行防寒保护，到第二年春、夏或秋季才能嫁接。

（三）分株繁殖法

分株繁殖法分为母树压条分株、母苗压条分株、母树培土分株和母苗平茬分株 4 种方法，多用于中国樱桃砧木繁殖。

1. 母树压条分株

选择开心形树型或丛状的、枝条粗细较一致、生长健壮的中国樱桃树作为母树，在春季或夏季，将母树靠近地面的分枝或侧枝埋于地表下，其状态为水平状。生根后在秋季或第二年春季剪断已生根的压条，分出新株（图4-4）。

图4-4 母树压条分株

2. 母苗压条分株

将一年生苗木以 45 度角进行斜栽，株距与苗高几乎相等。当苗木萌芽后，将苗木压倒呈水平状并加以固定，在其上面覆盖约 2 厘米的细沙或壤土，在新梢长到 5 ~ 10 厘米时，按 10 ~ 15 厘米的间距留一新梢进行疏间，然后再覆 10 厘米左右的壤土，苗高到 30 厘米左右时再覆一次壤土，在覆土前要先施入复合肥。秋季起苗时，将其分段剪成独立植株（图4-5）。

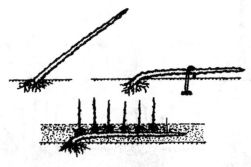

图4-5 母苗压条分株

3. 母树培土分株

选择生长健壮的、丛状树形酸樱桃树或中国樱桃作为母树，早春在树冠基部培起一个湿土堆，高约 30 厘米，以促使其枝条基部生根，或根部发生根蘖苗（图4-6）。落叶后或第二年春季萌芽前将已生根的萌蘖从母株切离，形成独立的苗木个体。

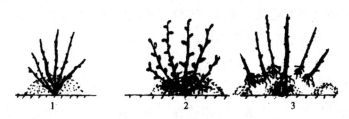

图4-6 母树培土分株

1. 春季培土 2. 初夏培土 3. 分株

4. 母苗平茬分株

春季从地表 5~8 厘米处将一年生苗剪断，待长出 20 厘米左右萌芽时，用湿润土壤进行第一次培土，培土时分开过密的萌蘖，以利于均衡生长；第二次培土是待萌蘖苗高 40 厘米左右时进行。要在两次培土后分别进行浇水和施肥等管理。秋季落叶后要将土堆扒开分株，分株后应对母苗培土防寒（图4-7）。

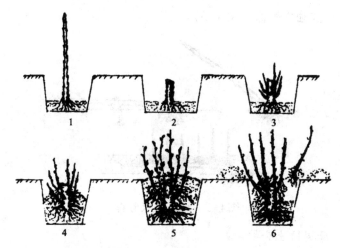

图4-7 母苗平茬分株
1.定植 2.剪砧 3.萌蘖 4.第一次培土
5.第二次培土 6.分株

（四）组织培养繁殖

用此法培育樱桃砧木苗，不仅利于保护其优良特性，而且繁殖速度快。其方法步骤如下所示。

1. 外植体消毒与接种

取一年生枝条或田间当年新梢，去叶，将表面用自来水刷洗干净，剪成一芽一段，放入干净烧杯，进入超净工作台消毒，常用消毒剂为0.1%的新洁尔灭、0.1%升汞、70%酒精，三者可以配合使用。先浸入70%酒精中泡2~4秒，再放到0.1%新洁尔灭中15分钟，再用0.1%升汞进行5~10分钟的消毒，其间还需用无菌水冲洗2~3遍，然后将叶柄、鳞片剥去，将带数个叶原基的茎尖取出并接入培养基，半包埋。通常MS培养基多被采用为樱桃培养基，附加IBA 0.3~0.5毫克/升+BA 0.1~1.0毫克/升，蔗糖为30克/升。

2. 初代培养和继代培养

接种茎尖后将其放到温度 26℃±2℃，光照 3000 勒克斯、8～10 小时，黑暗 14～16 小时的培养条件中，初代培养大约 2 个月后，每个生长点可以长到 2～3 厘米长，并会有多个芽丛形成，这时继代培养就可以进行了。切割下每个芽丛，并将其转接到培养基上进行增殖培养。随后，大约每 25 天需要进行一次继代培养，每次芽的增殖数为 4～6 倍。

3. 生根培养

待上述增殖培养的芽长到 3 厘米左右时，即可用于生根。通常多以 1/2 MS 培养基+IBA 0.1～0.5 毫克/升为生根培养基。有的种或品种需加生物素或 IAA 或 NAA 等，蔗糖 20 毫克/升。

在生根培养基上培养 20 天左右开始接种，此时，芽的基部就可以长出根，并成为完整苗。当生根苗长到 3～5 厘米高时就可以开始锻炼移栽。

4. 移栽组培苗

由于长期在人工的培养条件下生长，会减弱其对自然环境的适应性。所以在移栽前需要一个过渡阶段，即锻炼。其方法为，把培养瓶放到自然光下进行 2～3 天的锻炼，将瓶口打开再锻炼 2～3 天，之后开始移栽。移栽时要先将根系上的培养基洗净，避免培养基感染杂菌致苗死亡。基质可放入育苗箱、育苗袋或育苗床中，将塑料膜罩在上面，以保持适宜的温度和较高的湿度。湿度为 80%～90%，温度保持在 20～28℃，光照强度为 3500～4000 勒克斯。经上述一个月左右的锻炼后，到 5 月下旬至 6 月上中旬即可移入田间。

甜樱桃苗的培育

进行甜樱桃苗木培育采用的主要方法是嫁接，嫁接时期分春、夏、秋三季，3月中下旬，即树液流动后至萌芽初期适宜进行春季嫁接；夏季嫁接适宜的时间是6月初至6月底以前，如果过晚进行，会导致当年的成熟度不够不易成苗；8月底至9月中旬是适宜秋季嫁接宜的时间，如果过早进行，容易萌发，不利越冬，过晚则不容易愈合。

在进行嫁接苗木前的7～10天，要对砧木苗圃浇一次透水，待地表稍干时开始嫁接，嫁接前还应选取接穗，并备好一个塑料条，0.6～1厘米宽、20厘米长。

在夏、秋季进行嫁接时，可在接前1～2日将当年生木质化程度高的发育枝选取，取后立即去掉叶片，只留短叶柄。对于在春季进行嫁接的，要在上年秋季落叶后选取一年生发育枝，装在塑料袋内密封放在0～5℃条件下贮藏或用湿沙贮藏。不会发生冻害的地区可在春季萌芽前选取。

田间嫁接时，应将接穗放在水桶中，内装3～5厘米深的水。如果需要远途携带，要用湿布袋包装，内填湿纸屑或湿锯末。

一、嫁接方法

（一）"T"字形芽接

是园艺植物和果树嫁接中常用的一种方法。一般在每年的8月份对樱桃进行芽接，若过早进行，接穗的芽体发育不充实，皮层薄，枝条嫩，不易成活；若接穗的时间太晚，其枝条已经停止生长，不易剥离芽体。如果将芽接时期推迟到9月上旬进行，则宜选用徒长枝中的饱满芽进行接穗。其嫁接过程与苹果、梨等果树基本相同，但操作方法又各有特点，否则，难以成活。

进行"T"字形芽接时，要削取比苹果、梨的芽片大1倍左右的芽片，一般宽1厘米，长2.5厘米。开始削时先从芽的下部1～2厘米处往上削，到芽上部的0.8～1.5厘米时开始横切，可稍带木质部，然后将芽片剥下。剥芽时要注意芽片表皮不能破裂，否则不能使用。

按接芽长度将砧木上的"T"字形接口划开，然后轻轻放入接芽，不能将芽片硬往下推，以防止芽片受伤和破裂（图4-8）。

嫁接后要严密绑缚，伤口必须要全部绑严；嫁接15天左右后可以将绑缚物去掉。过晚解绑会使愈合组织的形成和成活率受到影响，但也不能过早。

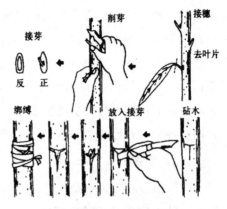

图4-8 "T"字形芽接示意图

（二）带木质部芽接

由于"T"字形芽接对嫁接技术和接穗的要求比价严格，但成活率相对较低，所以近年来多改用带木质部芽接。用此方法，不管接穗或砧木是否离皮，都可以进行嫁接，同时对接穗条件和嫁接时期没有太严格的要求，容易掌握，而且春、秋两季都可以应用。正常情况下，此法嫁接的成活率可以达到80%～90%。3月下旬树液流动后至接穗萌芽前适合进行春季嫁接，若随采接穗随嫁接，则有10～15天嫁接期；若将接穗先采集好，之后放于凉冷处用湿沙贮藏，其嫁接时期可延长到4月中旬。8月底至9月底为秋季嫁接的适宜时间（图4-9）。

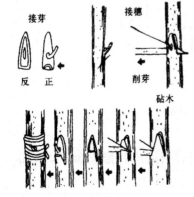

图4-9 带木质部芽接示意图

采用带木质部芽接，削取接穗时要在接穗芽下方0.5厘米处先斜横切1刀，深达木质部，再在芽上方的1

厘米处向下斜切一个深入木质部2~3毫米的口，削过横口，取下带木质的芽片。然后先在距地面约5厘米的砧木基部光滑处横斜1刀，再自上而下斜削1刀，深2~3毫米，横切口的长度略大于芽片，或与接穗芽片相等。在砧木的切口内嵌入削好的芽片，使下部的形成层密切吻合。如果砧木粗度比芽片大，那么就对齐一侧的形成层，再从下往上用塑料布条绑缚紧即可。但一定不可以让接穗比砧木粗，否则不容易对齐形成层，就会较难成活。

（三）切接法

春季树液刚开始流动前后，芽尚未萌发，3月上旬左右适宜进行切接。砧木粗度以基部直径为1~1.5厘米为宜，接穗的粗度为0.5~1厘米较适合。先把接穗的一端削成一个大削面，约3厘米左右；之后在大削面的背面削成一个长0.5~0.8厘米，呈马蹄形的小削面。将接穗留2个芽剪断，在砧木距地面15~20厘米的地方将其剪断，从断面的1/3处向下切一纵口，约3厘米深，将削好的接穗大削面向里，一侧的形成层对齐，再用塑料布条绑紧。最后用塑料布包扎或培土堆保湿（图4-10）。

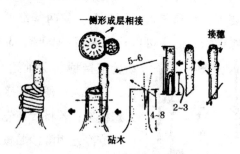

图4-10 切接示意图（单位：厘米）

（四）劈接法

劈接法的嫁接时期为3月上旬，早春树液刚开始流动，芽未萌发前。劈接用的砧木一般应较粗，通常为3.5厘米以上的基部直径，选为接穗的枝条也应较粗，所用刀具必须锋利。

先将砧木距地面20厘米处剪断，断面用刀刮平，再用劈接刀劈一个4~4.5厘米深位于砧木横断面中央的切口，将切口用木楔撑开。然后在接穗一端的两侧各削1个大斜面，长3~4厘米。斜面要光滑，两个削面的边应是一边稍薄，一边稍厚，两个削面呈楔形，以带有2~3个芽的接穗长度为宜。从切口的两侧将削好的接穗接入，对齐形成层。如果砧木粗一些，可以不必绑缚；如果砧木稍细，可用塑料布条将其绑紧，用塑料布盖住伤口处。最后用湿土堆成土堆，保持湿润。劈接时，应注意劈口不可劈裂，并保证其平滑。若接穗太细或劈口劈裂，结合不紧则很难成活，如图4-11所示。

根据嫁接部位不同，又可以将劈接法分为高接、腰接和低接3种。高接是指嫁接的部位在树冠的大分枝处；腰接是指嫁接部位在树干距地面1米左右处；低接是指嫁接部位位于树干接近地面处。可视具体情况决定采取哪种形式嫁接。

图4-11　劈接示意图

（五）腹接法

春季3月上中旬为腹接法的嫁接时期。但如果是为了某种需要，如空间填补，也可以在生长季节进行。腹接可先不去掉砧木的枝头，待嫁接成活后，再在接穗以上0.5厘米的地方剪砧。如果嫁接没有成活，还可以补接，如图4-12所示。

图4-12　腹接示意图

嫁接时先在接穗的一端削出一个直斜面，带有3~4个芽；再自上而下在砧木需要嫁接的部位切一个切口，深达木质部，切口长度要比接穗的斜面长；然后插入削好的接穗，对齐一侧的形成层；最后将伤口用塑料布条绑严。

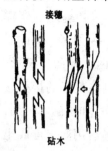

图4-13 舌接示意图

（六）舌接法

此嫁接方法适合于较细的砧木，一般情况下粗度在 1～1.5 厘米。先在距地面 20～25 厘米处将砧木剪断，再自下而上削一个斜面，长 3～4 厘米。从斜面的 1/3 处向下切 1 刀，切口长 3～4 厘米。将接穗的基部也削成一个斜面，长为 3～4 厘米，从斜面的 1/3 处向上切 1 刀，切口长 3～4 厘米。然后将砧木的切口与接穗的切口插接在一起，对齐一边的形成层，再用塑料布条绑紧。培成土堆或套上塑料袋保湿（图4-13）。

二、嫁接苗的管理

如果在樱桃嫁接后浇水或遇雨，容易引起流胶，从而对成活产生影响，因此，嫁接以后的 15～20 天内不能浇水。为防雨水沿绑缚物渗入皮层引起流胶，在芽接的苗成活后要及时松绑。为了防寒，应在冬季封冻前，在苗的基部用细土培 25～30 厘米厚的土堆，土堆要打实，第二年春将其扒开。

对已经成活的芽接苗，在其发芽前要进行剪砧。在接芽变绿但尚未萌发前为剪砧的适宜时间。如果过早剪砧容易导致砧木抽干从而使接芽死亡。从接芽以上的 1 厘米处向芽的背后斜剪为剪砧的最好部位。剪口要稍高于接芽，背面略低，这样对愈合有利。

当接芽长到 20～30 厘米时，应及时设支柱缚绑。这是因为萌发后的嫁接芽，生长迅速，但此时木质较软，极易风折或弯曲。当苗木长到 30～40 厘米时，可保留 20～30 厘米进行摘心，以促使其下部发生分枝。到 7 月上旬时，可以再次对其上部过旺的枝进行摘心。如果第一次摘心的枝上有短枝发生，则对将来苗木定植后提早结果比较有利。

劈接苗在开春后应将土堆及早扒开。绑缚塑料袋的，当苗长到5厘米高时，应将伤口处解开进行通风。带木质部芽接和腹接苗，要在成活后立即进行剪砧，及时设支柱防风折。

要加强苗圃地的肥水管理，以提高苗木质量。为了更好地促进苗木前期生长，要根据降水情况及时浇水。每浇1次水后，及时中耕、除草、松土并结合浇水进行施肥。到5月中旬，每666.7平方米施尿素4千克，或硫酸铵5千克；7月中旬以后，每666.7平方米追施磷酸二铵15千克。为了利于苗木成熟，提高苗木的越冬能力，以后还要适当控水。

三、苗木出圃

育苗工作的最后一环是苗木出圃。樱桃苗木起苗出圃一般在落叶后大地封冻前进行，为了确保根系完整，严防劈裂大根，起苗时要尽量深刨。

起苗以后，根据苗木的大小和质量进行分级。栽植成活率和生长结果直接受苗木质量的影响。对严重机械损伤的苗木和有严重病虫害的苗木要剔除，要将细弱苗木留在苗圃内再培养1年。虽然国家尚未确定樱桃苗木的质量标准，但对各种果树苗木的基本原则是一致的。即必须砧木类型正确，品种纯正，芽充实，地上部枝条健壮，具有一定的粗度和高度；根系发达，断根少，须根多；无严重机械损伤和病虫害；嫁接部位愈合良好。

根据苗木质量分级以后，如果要在当地秋季定植，可以直接栽植；若要出售苗木或等到春季定植，为确保植株少失水，保持新鲜，则要在栽植前进行假植。假植地点可选背风向阳处，开一条深1米、宽0.5米、长根据需要而定的假植沟。把苗木单株摆开斜放在沟内，然后将苗木用细湿土全部埋上。埋苗时沟内不能留空隙，特别应注意根和土的密接，防止将树体抽干，以确保越冬安全。将苗埋入假植沟内时，不要灌水，以避免湿度过大导致烂根。如果发现假植沟的土壤过于干燥，可在挖好沟后先浇1次水，用湿土埋苗一定要等到水渗后过几天再进行。

对外运的苗木一定要注意包装。将同品种、同等级的苗木，每50株捆成1捆，用蒲包或草包包好，将注明产地、品种、规格、数量的标签拴上，以防品种混乱。

近年来，不少专业户或育苗单位在果树育苗上，都愿培育当年播种砧木种子、当年嫁接、当年出圃的"三当苗"，而且一些用户也愿栽植"三当苗"。这个现象在包括樱桃苗在内的果树苗木中都存在，这种苗木培育快速，导致质量并不能达到正常2年出圃苗木的质量。要获得早期结果、长期丰产，最基础的就是栽种优质苗木，只有苗木健壮，才能保证栽植成活率高、生长快、结果好。在这里，我们对樱桃育苗要2年出圃进行强调，栽植者也应栽植2年出圃的优质苗、壮苗，而不栽"三当苗"。

微体繁殖法

又叫组织培养快速繁殖。冬、春季节将樱桃的茎尖或生长点在解剖镜下削出，接种到MS培养基上连续继代培养，扩大繁殖后，在生根培养基上接种2厘米长的健壮新梢，生根后将其移栽于温室炼苗20天。之后直接移栽于大田即可。成本高、建设快、技术繁杂是该繁殖技术的特点，特别适于稀有原始材料及无病毒苗的快繁及保存。

北京市林业果树研究所用茎尖快繁的樱桃品种有早紫、那翁、大紫等，自1985年定植根苗后，1992年开始结果，进行了3年的观察，发现其早果性要早于同品种10天左右。经济价值比成熟晚的对照品种要高3~4倍。

无公害甜樱桃园的建立

无公害樱桃园建园前的考察

无公害樱桃产业的开发与发展，是一项系统工程，它涉及食品卫生学、生态学、环境科学、栽培学等多学科的综合应用。

要想将石榴园或现有的樱桃产区改造成无公害的绿色樱桃产业园或者新建一个无公害樱桃产业商品基地，就必须对现在的园区环境或将来的基地，进行详细而严格的考察。考察的内容包括大气、土壤和灌溉用水的污染状况，以便消除污染源或避开污染源。具体考察因素，请见本书第一章第四节甜樱桃栽培的无公害要求标准中的内容，此处不再赘述。

园地的选择规划与整地

一、园地选择

为了使樱桃栽培获得良好的经济效益，必须从园址选择开始就按照高标准进行。无论从气候条件、土壤性质还是栽培技术上，栽植樱桃都有其特殊性。必须根据樱桃对环境的要求（详见第一章第四节相关内容），进行樱桃园址的选择。另外还有以下几个栽培方面需要重点注意的事项。

（1）甜樱桃树不耐盐碱，也不耐涝，因此不能在盐碱地建园，宜选择不积水、地下水位低的地段建园。

（2）甜樱桃树开花期早，易受霜害，有霜害的地区要避免在冷空气易沉积的低洼地建园，应选择不易发生晚霜的山坡中部；或者选择空气流通好、春季气温上升较慢的西坡或北坡，以推迟花期，避开霜害。

（3）樱桃树不抗旱，最好选择土质肥沃、湿润，土壤疏松，有灌溉条件，且排水良好的壤土或沙质壤土建园，黏重土壤不宜建樱桃园。

（4）因为樱桃树的根系较浅，易受风而倒伏，所以应选不易遭风害的背风地段作园址，并要重视营造防风林。

（5）樱桃果实的耐贮运性能差，应选择距主要销售市场近、交通方便的地点建园。

二、园地规划

要根据地形地势、面积、不同的栽培方式等，对较大面积的栽培园区进行科学规划。

（一）划分栽植区

为了便于管理，根据园区的地形、土壤等条件，把园区划分为若干个栽植区。一般以道路、灌排水系统、防护林相分隔。一般在平地，每一个栽植区为 6667～10000 平方米，丘陵、山地要按地区情况每一个栽植区为 3333～5333 平方米。

（二）选择栽培方式

根据当地的地形和生态条件，确定采用设施栽培或露地栽培，并考虑稀植或密植等不同方式。目前设置配套的避雨防裂果、防鸟害的设施是许多进行露地栽培的地方需要考虑的问题。另外，宽行密植和矮化密植是果树栽培的发展趋势，篱架栽培也是一种新的栽培方式。

（三）营造防护林

为了有效抵御和减轻风霜危害可以营造防护林。林带高度的20～30 倍是一般防护林的防护范围，而林带高度的 5 倍左右是防护林迎风面的防护范围。防护林带的设置应与灌排水系统、道路等相结合。防护林带由主林带和副林带组成，通常主林带宽 10～20 米，与主风方向垂直；副林带宽 5 米左右，与主林带垂直。小型果园营造防护林既可防风霜，又可作绿篱围墙。

（四）灌排水系统

灌溉系统由灌水沟、水源、干渠和支渠组成。每个果园（栽植区）设一条干渠，它连接着水源和支渠；支渠连接灌水沟与下渠，使水通向每棵树下。有条件的可安装喷灌、滴灌或渗灌设备。为了避免涝害或水土流失毁园，山地和易遭涝害的地区必须设置排水系统，排水系统由排水干沟、支沟和排水沟组成。

（五）道路设置

园区道路的设置应与灌排水系统及防护林相结合。一般园内设一条大道，连接各栽植区，区内各个区段之间设连接的小路，山地可每隔 15～20 米留一个作业道。

（六）丘陵、山地建园

在山地或丘陵地区建樱桃园有其优势，樱桃果实往往色泽好，品质优。但山地丘陵地区的地形复杂，土壤肥力和土层厚薄、降水量、气候、植被等自然因素有较大的差异。要充分利用良好的小气候建樱桃园。坡度角在 5 度以下的缓坡地带，5°～20° 的斜坡地带，都是发展樱桃园的良好地带。小区面积一般以几道梯田或 3333～6667 平方米为一小区。小区间的干路可宽 4 米，小路可宽 2 米。

（七）沙滩地建园

在农业规划中，往往将沙滩地作为果树发展的重点地区，主要因为土质肥沃的好地，均用于粮棉油等作物的生产，没有发展果树的余地。而沙滩地，多沙石，缺少水源，土层瘠薄。所以，若在沙滩地发展樱桃园，必须先对土壤进行改良，将土壤厚度增加，解决好水源和防止漏水漏肥等问题，同时将防护林营造好，然后才可栽植樱桃树。

栽植技术

一、品种配置

发展甜樱桃，要想高产稳产，必须做到良砧良种配套。目前甜樱桃的主栽品种，以大紫和那翁为主，适当发展红樱桃、滨库、红灯、鸡心等。为了增强根系，提高抗风能力，砧木应选择磨把酸和大叶中国樱桃。

中国樱桃树有较高的自花结实能力，即使不配置授粉品种也能结果良好。但多数甜樱桃品种的白花结实能力很低，配置一定比例的授粉树是必须要考虑的。配置授粉树时，首先考虑的是主栽品种与授粉品种的授粉亲和力、适应性、开花期能否相遇、果实的经济价值等。

授粉品种数量应占主栽品种数量的 20% ~ 30%。授粉品种配置的方式，在山地可将授粉品种与主栽品种混栽，每 3 株主栽品种栽 1 株授粉品种；平原地区主栽品种 3 ~ 4 行栽授粉品种 1 行。

二、土壤改良

甜樱桃对土壤气候条件的要求比较严，甜樱桃要能正常生长和结果，必须有一个肥水条件良好、土层深厚的园地。因此，一定要对活土层较浅的地区进行深翻改良后，才能种植。

必须保证园地有良好的排水条件，否则极容易发生因积涝而死树的情况。在山地栽植甜樱桃，应将山地整成等高梯田，做到小不平大平，为利于排水，还要有排水沟。在平原地区栽植甜樱桃，为了防止积水，要每隔 2 ~ 3 行就挖 1 条排水沟，因排水不良而造成死树的情况最容易在平原地区发生。

三、栽植密度和方式

根据土壤、砧木、品种以及管理水平等因素来确定樱桃树的栽植密度。在管理水平高、土壤条件好、品种生长势强的地方，株行距宜大些，否则宜小些。为了增加单位面积产量，充分利用土地，可以将幼龄樱桃园采用带状栽植，或适当加密，待树长大后，再行间伐。

四、栽植时期

一般分为春栽和秋栽两个时期。在冬季干旱、多风、寒冷的地区，进行秋栽容易使苗木发生失水抽干的现象（即抽条），从而使成活率降低，所以，一般这种地区多在春季栽植。必须在土壤解冻后尽早进行春栽，华北地区通常在3月上旬为宜。南方温暖潮湿，秋栽要比春栽好。在落叶以后、土壤封冻以前，在10月底至11月上旬是适宜进行秋栽的时间。对华北地区的春栽之所以提倡要早，除了避免冬季严寒易抽条外，还因为甜樱桃的根系活动较慢，但萌芽较早，如果栽植时间延误，会使根系的供应量达不到树冠上部的需水量，从而使已经萌发或正在萌发的苗木抽干，树皮皱缩，甚至发生植株死亡。

五、栽植方法

在栽植方法上要精心。栽植以前挖穴或开沟要按预定的株行距进行。如果是穴栽，要求挖深60～100厘米、直径100厘米的大坑；如果是开沟栽就需要挖深、宽各100厘米的沟。注意在挖时要将底土与表土分开放置，然后将20～30厘米厚的与表土混合的有机物（如树叶、秸秆、杂草或厩肥等）回填到定植穴或定植沟内，用脚踏实。使再填的表土部分在距地面30厘米左右处，中间略高于四周，在穴（沟）内放入苗木，使根系舒展，边填土边摇动苗木，同时用脚踏实，使根与土壤密接。为防止出现苗木在浇水后被风吹倒或土壤下沉的情况，栽后可用竹竿或木棍加以固定。随即进行浇水，水渗后培一小土堆在苗木树干的基部，或盖上1.2米的地膜，这样能起到抗旱、防寒的作用，可以使苗木的成活率大大提高。

六、防止幼树抽条

抽条是指甜樱桃幼树枝条自上而下干枯，严重时会引起全树的枯死。主要表现在一至二年生的树上，西北、华北的部分地区常会有这种现象发生。

（一）抽条的原因

抽条不是冻害，而是由冻旱引起的生理干旱。所谓冻旱是指在冬末及早春，因为地下土壤结冻，而冻土层中分布有大部分根系，这些根系不能正常吸收水分。同时，早春风大，空气干燥，使枝条的水分大量蒸发，致水分失调明显，而引起枝条生理干旱，就会造成枝条由上而下的抽干。另外，造成抽条的另一个原因是秋季浮尘子（飞虱科和叶蝉科昆虫）在枝条上产卵为害。

（二）防止抽条的措施

1. 缠塑料条或裹纸

在冬季土壤封冻前，将枝条用3厘米左右宽的塑料条依次裹紧，包实，待春季芽萌动时，解开塑料条，这样水分蒸发的情况可得到基本抑制。

2. 涂抹防寒油

所谓涂抹防寒油，实际就是将一层油脂薄薄地涂在枝条表皮，以防止水分蒸发。各地涂防寒油的时间有所不同，一般情况是12月初，因此时气温较低。涂防寒油不要过早，因为半熔化的防寒油有渗透作用，如果气温较高，则会渗入枝条对芽的萌发和生长不利。此法比较简单，一般套上线手套或用块软布，蘸上防寒油，再均匀地在枝条表皮涂上一层即可。但要注意，为了避免早春气温升高，油脂渗入芽子，防寒油不能涂得太厚。

3. 早春灌水

根据早春气候干燥的特点，应及早对果园浇水，生产上也叫顶

冻浇水，这对减少地上部枝条的水分蒸发、防止抽条的发生有重要作用。因为樱桃的根系较浅，根系的上层会有一些处在地表，而经过一冬天风化的地面土壤，虽然失去水分，但此时并没有冻层。因此，这时浇水一部分根系可以吸收到，从而减少抽条现象。

4. 覆盖地膜

覆盖地膜可以使土壤中的水分保持良好，特别是对地温的提高很有效。在华北内陆地区，土壤在地膜下基本不会冻结，如果早春阳光好，地膜下的温度甚至可以达到10℃以上。所以在大风的春天，枝条水分大量蒸腾的时期，其根系已经可以活动，可以吸收水分，将地上部分水分的消耗及时补充。因此覆盖地膜也可以对抽条现象进行有效防止。其方法是，中耕和浇封冻水后，在幼树的两边各铺一条地膜，宽约1米，用土将四周压住即可。地膜上不要再压土，避免对阳光直射土壤产生影响。

第三节 大树移植建园

生产栽培中，为了将甜樱桃的早期产量提高，有些园片采用了较高密度的定植，如1米×3米，2米×3米的株行距，这些园片随树龄的增加，进入结果期后，难免出现郁闭，这时必须进行移栽或间伐。对已经进入盛果期的大树，间伐无疑是一种浪费，而最好的办法就是移栽。实践表明，采用大树移栽建园，可以提前进入结果期，从而显著提高经济效益。

移栽时期

一般在春季进行大树移栽，从萌芽前2周开始到萌芽时为止这段时期为最佳时间。泰安市司家庄果园于1991～1996年作过大树移栽试验，结果表明，在春季的3月10～22日进行移栽，其平均成活率在95%以上。

移栽前的准备工作

（1）移栽树，可在秋季的9～10月份，根据各地气候特点，对树体进行断根处理。具体方法为根据被移栽树体的大小，在距离树体基部60～80厘米的地方，挖一个宽20厘米、深50厘米的沟，将树根切断，然后回填，同时要注意水分的补充，促使断根处萌生出新根。

（2）对要建的园地要先进行土壤改良，具体方法请参照本章相关内容。最好在前一年的秋天或冬天就挖一条深 1.2 米、宽 1.5 米的栽植沟，将有机肥施入后回填，浇水沉实。对前茬是果园的园址，应以客土回填栽植沟，同时要施入大量有机肥。

移栽的技术要点

进行移栽挖掘时，自树冠外围的投影向外 20 厘米的地方开始环树下挖。若是近距离移栽，移栽树可以不用带土球，但在挖掘时要保持根系完整，避免伤根，树体挖出后，立即定植。远距离移栽时，应带土球挖掘，可用草绳缠绕土球，以防止土壤松散。

定植穴的大小要根据树体根系的大小来确定，栽植深度应与树体原来的土印持平，一定不能栽深。在穴内要将树体根系舒展开，待填土踩实后，做土埂进行浇水，再将地膜覆盖其上。

对待移栽的树要适当进行重剪，以常规修剪的 1.5 倍为其修剪程度。对移栽树应特别加强病虫害防治与肥水管理，以使树势尽快恢复，达到正常结果。

第五章
甜樱桃整形修剪与土肥管理

第一节 樱桃树的整形与修剪

甜樱桃属落叶乔木，树体高大，干性强，长势旺，枝条多直立生长，树冠呈自然圆头形或开张半圆形，层性明显，在自然条件下生长的树可以长到高 5 米以上，最高的可以达到 30 米。在人工整形的条件下，冠茎与树高一般被控制在 2.5~4.0 米。

对樱桃树进行整形修剪，是为了使树体骨架得到良好培养，对树体生长与结果、衰老及更新之间的关系进行调控，对树体生长与环境影响之间的关系进行调控，维持树势的健壮，以达到早结果、早丰产、连年丰产的栽培目的。

在幼树期进行整形修剪时，为促进幼树枝量迅速增加，扩大树冠，使层间距和枝条分布合理安排，以达到提早结果的目的；在结果期进行整形修剪，是为了促使结果树达到一定范围的枝量，使结果枝组合理配置，以达到连年优质丰产，且保持树体不早衰、经济寿命长的目的。

樱桃树的主要树形

生产中，甜樱桃常用的主要树形大致有丛状自然形、自然开心形、主干疏层形、纺锤形等。

一、丛状自然形

1. 树体结构

这种树形多用于酸樱桃和中国樱桃。没有中心领导干，直接从地面分生出主枝 3~5 个，再在主枝上分生出 6~7 个侧枝。侧枝以 50~60 度的角度开张，基部的侧枝还可以有两个副侧枝保留。在各级枝上均有结果枝和结果枝组配置，如图 5-1 所示。

2. 整形方法

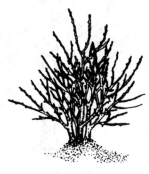

图5-1 丛状自然形

第一年定植后留 20 厘米的干高，促发 3~5 个主枝；对生长过旺枝在 6~7 月份留 30 厘米进行摘心，促使其侧枝萌发，使分枝能力增强，主枝保持均势。如第二年枝量不足，对保留 20 厘米强枝进行短截，其余不超过 70 厘米的枝条任其生长，不需要剪，对超过 70 厘米的枝留 20~30 厘米短截。剪口芽一律留外侧芽。第三年时只调整和短截个别枝即可，其余枝不动。这样整个整形过程就基本上完成了。

这种树形修剪量比较轻，树冠开张，冠内通风透光良好，容易成形，结果早，产量高，管理方便。树高在 3 米以下，树冠紧凑且较矮，低于 3 厘米粗的枝条占优势，适宜密植；风害轻，受风面均匀；防治病虫害和采收等方便，只是树的寿命不如有干树形。

二、自然开心形

1. 树体结构

30~40 厘米干高，全树有 3~5 个主枝，最后将中心领导干剪除。每个主枝上有 6~7 个侧枝，主干上的主枝呈 30 度角倾斜延伸，主枝上的侧枝呈 50 度角延伸。各级骨干枝上都配置有结果枝组（图5-2）。

图 5-2　自然开心形

2. 整形方法

定植当年距地面 70～80 厘米定干。第二年春，选 3～5 枝主干上外侧斜生且发育旺盛的枝条进行短截，作为主枝，以 40～50 厘米为剪留长度，剪口芽留外侧芽。每个主枝在短截后可以发出侧枝 1～3 个，扩大树冠的延长枝主要选外侧枝。然后视空间大小再对其余各枝进行中度短截，或进行重短截，只留 3～5 个芽，培养结果枝组。第三年只短截主枝的延长枝，其余枝甩放不剪，之后再对个别枝进行适当调整即可。

自然开心形修剪量比较小，容易整形，树冠开张，冠内光照良好，结果早，产量高，管理方便。此种树形的植株寿命要长于丛状形植株。甜樱桃采用此种树形时，因其直立性强，长势旺，所以，一般在最初的几年要将中心领导干保留，待配齐主、侧枝以后再将中心干去掉。因呈圆头形树冠，容易出现头重脚轻的现象，所以遇大风后易倒伏。

三、主干疏层形

这种树形与苹果树相似，树体高大，适用于层性较强、干性明显的品种，如那翁等。此种树形的修剪量比较大，进入结果期较晚，但结果后结果部位和树势都相对稳定，坐果均匀。在光照条件良好、土质较瘠薄的丘陵山区等地方都可采用。

1. 树体结构

有中心领导枝和主干，50～60 厘米的干高，全树有主枝 6～7

个。分为 3~4 层，第一层有 3~4 个主枝，以 60 度左右角度开张；第二层有 2 个主枝，70~80 厘米的层间距；第三层和第四层，每层有主枝 1~2 个，60~70 厘米的层间距，以小于 45 度的角度开张。主枝上再分侧枝 2~3 个，如图 5-3 所示。

2. 整形方法

定植当年以 60~80 厘米为定干高度。第二年选留第一层主枝和中心领导干。在通常情况下，适合作中心领导枝的是剪口下第一芽萌发的枝条。在中心领导枝 60 厘米左右的饱满芽处进行短截，如枝条多而强、树势旺时可以留长些。构成树冠的最主要部分是第一层主枝，一般选 3 个；

图5-3 主干疏层形

在幼树上如果有 5~6 个新枝时，可选留 3 个方向、位置、角度适合及生长势强的枝作为主枝。最好要选分别伸向不同方位的枝头作为 3 个主枝的枝头。对选留在基部的 3 个主枝都需要进行短截，剪留长度应比中心领导枝的选留长度稍短，通常为 50 厘米左右，其余枝条放任生长，可以不剪，过密时可以适当进行疏除。

第三年至初结果的树形，主要是对中心领导枝和基部 3 个主枝继续培养，并选留第二层主枝以及各主枝上的侧枝进行培养。将枝条间的生长势进行适当调整。三年生的幼树中心领导枝剪口下，在正常情况都可以发出几个强枝，可以从中选出 1 个直立健壮的枝作中心领导枝的延长枝。在三年生的幼树上，因为中心领导枝发生的分枝离第一层主枝距离较近，所以不适合作为第二层主枝使用，选留第二层和以上各层主枝一般要从第四年开始。

主干疏层形的整形过程相对复杂，修剪量大，成形慢，对整形修剪的技术要求高，次枝多，冠内通风透光较差，结果部位易外移，易长成大冠树，在稀植情况下可以采用。

四、纺锤形

櫻桃的纺锤形树形包括自由纺锤形和改良纺锤形两种。因纺锤形的结构比较简单，骨干枝的级次少，所以容易控制树冠，便于更新，适宜密植，目前多数新建果园都采用此种树形。（2～2.5）米×（3～3.5）米为自由纺锤形的适宜株行距，（2.5～3.0）米×（3.5～4.0）米为改良纺锤形的适宜株行距。

1. 树体结构

80～100 厘米的植株干高，全树不超过 3 米高，有 10～15 个小主枝错落着生。要求小主枝的粗度不超过主干粗度的 1/2，以避免小主枝和中心干竞争。每隔 20～30 厘米在中心干上留一个分枝，没有明显的层次，小主枝上直接着生结果枝组，不留侧枝。主枝与中心干以 70～80 度为其分枝角度。全树主枝呈下大上小状。

2. 保持中心干的优势

保持中心干的优势对纺锤形很重要。在保证中心干生长势的前提下，可适当提高定干高度，可以以 80～120 厘米为干高范围。如果定干过低，就会加强中心干延长枝的生长势，导致侧生枝的分生变少且削弱其生长势。为了促发侧生枝，培养小主枝，在定干后必须要采取刻芽技术。春季芽萌动后 1 周左右是刻芽的最适宜时间，如果刻芽 1 次达不到目的，可进行第 2 次刻芽。

在生长季节对新梢进行处理是纺锤形整形必须要做的工作。如果幼树在定干后生长势强，中心干的延长枝生长旺盛，可于 6 月底至 7 月初采取摘心的办法，以促发分枝。如果生长量较少就不必进行摘心。对侧生新梢主要是加大角度，改变生长方向，使其接近水平生长。拿枝可以在新梢半木质化时进行，一般需进行 2～3 次。第一次拿枝后，可能只需几天便又恢复原状，所以需要进行第二次或第三次拿枝。

第二年春对中心干延长枝进行短截选壮芽，视生长势来决定短截长度。用侧生枝培养小主枝，一般采取剪除顶芽或轻打头的办法。无论是中心干还是侧生小主枝，都需要在剪后进行刻芽，以促发分枝。对小主枝刻芽主要刻背下或两侧芽，可以采用刻一隔一或刻一隔二的方法进行。通常情况下不刻背上芽。一般从主枝基部 15～20 厘米开始对小主枝刻芽，如果不刻芽，小主枝上的分枝大多都集中在背上，而在靠近中心干 60 厘米以内的范围没有分枝，容易造成小主枝的基部光秃。

3. 提早结果

甜樱桃的树势生长比较旺，如果肥水条件比较好，会出现植株生长势返旺的现象。所以只有保证适时结果才可以使植株的树势达到中庸状态。扭梢、拿枝和摘心等办法是樱桃生长季节的主要修剪手段，以有效抑制营养生长，促进花芽分化。

4. 主枝更新

因为纺锤形树形的主枝为单轴延伸，所以多数已经结果 5～6 年的主枝，角度易偏大，这就需要对主枝进行适时更新。更新方法有以下两种。

（1）同枝更新。为了促发竞争枝，将待更新枝的基部进行机械损伤，然后培养新发的竞争枝，之后再将原枝去掉。

（2）异枝更新。在待更新的枝与中心干上进行重短截，以促发竞争枝，然后将新发的竞争枝培养成更新后备枝，待后备枝形成花芽发育成熟，则将原主枝去掉。更新主枝要有计划地分年进行，每年不超过 2 个更新数，以免因枝条的更新对产量产生影响。

5. 竞争枝处理

因为小主枝是以单轴进行延伸，其结果寿命比较短，所以要遵循如下原则对竞争枝进行处理：①一定要保留有利用价值的竞争枝，采用扭梢、拿枝和开角等方法促进成花，将其培养成结果枝。②在生长季节要将过密的多余的枝一次疏除，大枝疏除尽可能不在早春修剪时进行，以避免造成大伤口。

6. 改良纺锤形

改良纺锤形与自由纺锤形近似，只是树体结构上，留有三大主枝在基部，三大主枝以上中心干上的小主枝与自由纺锤形相同。修剪时要注意以下几点：①定干高度略低，一般情况 70~80 厘米为适宜高度。②三大主枝的培养位于中心干的基部，三大主枝上可培养侧生枝（中型结果枝组）1~2 个，75~80 度为一般的主枝角度。③在三大主枝与以上的小主枝之间要留有层间，要求的层间距离为60~80 厘米。

修剪方法和应用

一、冬季修剪

（一）短截

将一年生新梢的一部分剪去叫短截。根据剪去的程度不同，可以将其分为轻、中、重和极重短截。

1. 轻短截

一般只剪去枝条的 1/4~1/3，短截程度较轻。轻短截有利于将枝条的顶端优势削弱，增加短枝量，提高萌芽率，形成较多的花束状果枝。在幼树上对斜生枝、水平枝进行轻短截，特别是对一些成枝力强的品种，如早紫、红樱桃、大紫等多进行轻短截，可以有利于促使其提早结果。为了增加短枝量，在有空隙的地方，缓和强枝的生长势，也可采用。对延长枝及周围短枝进行短截后的状态，如图 5-4 所示。

2. 中短截

一般剪去枝条的 1/2 左右，短截程度稍重。在樱桃幼树上对外围发育枝和骨干枝的延长枝进行中短截，一般可抽生 5~6 个叶丛枝、3~5 个中长枝；短截树膛内的中庸枝，在成枝力强的品种上一般只会有 2 个中长枝抽生；在成枝力弱的品种上，除了能抽生中长枝 1~2 个外，还能抽生叶丛枝 3~4 个。所以，在骨干枝修剪中中短截是应用最多的方法之一。此种短截方法，有利于增加分枝数量，培养结果枝组，也有利于对后部果枝的长势产生促进作用。

图5-4 延长枝及周围枝短截后的发枝状态

1.当年短截 2.翌年发枝状

3. 重短截

一般剪去枝条的 2/3 左右，短截程度较重。平衡幼树的树势时，或在骨干枝先端培养结果枝组时多用此种短截。培养结果枝组是在骨干枝的背上枝进行时，第一年先进行重短截，对重短截后发出的新梢在第二年时，保留较强的芽 3~4 个，然后再进行极重短截，将其培养成结果枝组；对于中等的可进行缓放，以形成单轴型结果枝组。重短截能使顶端的优势加强，促进新梢生长，提高中、长枝和营养枝的比例。

4. 极重短截

只留枝条基部 4~5 个芽，短截程度最重。对基部有腋花芽的枝条进行疏除时，需要用极重短截，基部的花芽先保留，待结果以后再疏除。如果枝条的基部没有腋花芽，经过极重短截后，可将其培养成花束状结果枝。控制过旺枝条也可用此法。

（二）缓放

对一年生枝条任其自然生长，不加修剪称为缓放。缓放的作用完全相反于短截。它主要是调节枝量，缓和树的生长势，增加花芽数量和结果枝，提高坐果率和提早结果。

据山东省烟台市果树科学研究所调查，对于品种、树龄与栽培条件都相同的树，经过缓放后其枝量明显比进行了短截的少。甜樱桃的枝条缓放后，一般顶端优势可以维持，萌芽率相对提高，成枝力降低，新梢长势减缓，花束状果枝的比例增加。

缓放效果常因着生部位、生长方向和枝条长势的不同而异。如果缓放直立的竞争枝和长强枝，容易形成"鞭杆枝"，使长势更旺，从而使从属关系受到破坏，扰乱树形，导致结果年限被推迟。因此，适当缓放一些甜樱桃幼树和初结果树的中等斜生枝条，可有效地减缓长势，增加枝量，促生较多的花束状果枝，达到提早结果与早期丰产。如果对成枝力强的品种，连年过多地进行枝条缓放，则容易出现枝条密挤、光照不良的情况，从而导致结果部位外移。

（三）疏枝

就是从基部将枝条剪除。主要用于疏除树形紊乱的大枝、徒长枝、过密过挤的辅养枝、细弱的无效枝、病虫枝等。疏枝的作用是可以减少营养消耗，改善光照条件，将旺树转化为中等树，平衡枝与枝之间的势力，促进多成花。

疏枝具有双重作用。因为将一部分枝叶疏掉，会造成伤口，对被疏掉的母枝和全树都有缓和长势和削弱的作用。疏除的量越多，枝越大，对被疏除的母枝和全树削弱和缓势的作用越明显。疏枝对局部有抑前促后的作用，即对疏除枝既有削弱伤口的上部枝条作用，又有促进伤口下部枝条生长的作用。

在樱桃树上，疏枝不可一次过多，也不宜疏除大枝。以免造成伤口干裂或流胶，削弱树势。若树形紊乱，必须进行疏除时，也要分年度将大枝逐步疏除，防止过急，对适时适量要掌握好。疏除造成的大伤口，因为表面粗糙，伤口较大，要用刀将锯口削平，用0.1%升汞水或2%硫酸铜溶液消毒，然后涂上保护剂，以防伤口腐烂或干裂。保护剂有以下几种：

1. 保护蜡

用黄蜡1.5千克，动物油0.5千克，松香2.5千克配制。先在锅中放入动物油，加文火，再将黄蜡和松香粉放入，不断搅拌至全部熔化，熄火后冷却即成。使用时先用火将其熔化，然后以毛刷蘸蜡在锯口涂抹。

2. 豆油铜素剂

用硫酸铜1千克，熟石灰1千克，豆油1千克制成。先把熟石灰和硫酸铜研成细粉，然后在锅内倒入豆油熬煮至沸，再将熟石灰和硫酸铜加入油中，充分搅拌，冷却后即可使用。

3. 牛粪石灰浆

用熟石灰和草木灰各8份，细河沙1份，牛粪16份，加水调制而成。制成后呈糨糊状，用时把灰浆用刷子抹在锯口上。

（四）回缩

剪除或锯掉一部分多年生枝，留下一部分称为回缩。盛果期树的新梢生长势逐渐减弱，同时有些枝条开始下垂，会有光秃现象在树冠的中下部出现。为了改善光照，就要使大枝上的小枝数目减少，让水分和养分集中供应给留下的枝条，所以回缩非常有利于恢复树势。但应同时加强肥水管理，以使枝条正常生长和结果。结果枝和结果枝组的更新复壮也可用回缩。

二、夏季修剪

夏季修剪是在生长季节中进行修剪，也称生长季修剪。

（一）摘心

在枝条未木质化以前将其新梢的先端部分摘除称为摘心。控制枝条的旺长，增加分枝级次和枝量，加速扩大树冠，促进枝条向结果枝转化等是进行摘心的主要作用，它对幼树提早结果非常有利。这项措施主要用于旺树和幼树冠。

山东省烟台市果树科学研究所试验表明，对三年生的大紫和那翁品种摘心后，由于较早停止了枝条生长，容易在长枝基部形成腋花芽，甚至可以达到 10% 以上的开花株率。所以，适时对幼树进行摘心，可以有效促进提早结果。摘心效果，如图 5-5 所示。

图5-5 樱桃嫩枝摘心

根据摘心的时间，可将其分为早期摘心和生长旺季摘心两种。早期摘心，一般在开花后 7 ~ 10 天内进行，保留 10 厘米幼嫩新梢摘心，这样除了有一个中等大的枝条在顶端发生外，下部各芽都可以形成短枝，主要用于培养小型结果枝组和控制树冠。一般在 5 月下旬至 7 月中旬进行生长季摘心，保留 30 ~ 40 厘米对新梢摘心，主要用于增加枝量。如果树势旺盛，即使摘心后其副梢仍很旺，也可连续进行 2 ~ 3 次摘心，能促进短枝形成，提早结果。

（二）扭梢

扭梢是指将半木质化的新梢扭曲下垂。在新梢尚未木质化的 5 月下旬至 6 月上旬，将内向的临时性枝条及背上的竞争枝、直立枝，在距枝条基部 5 厘米左右处，轻轻扭转 180 度角，以不折断为度，使木质部、韧皮部有部分裂痕。扭伤部分可在当年秋季完全愈合。经扭梢的枝条，长势缓和，上部养分积累多，侧芽和顶芽均可获得较多的养分，有利于分化成花芽。即便有花芽的枝条不能在当年形成，第二年也会形成花芽。如果过早扭梢，因新梢还未半木质化，组织嫩弱，容易折断，而且因叶片较少，不利于花芽的形成。如果过晚扭梢，枝条已经木质化且脆硬，不易扭曲，用力过大则容易将枝条折断，造成死枝。

（三）拿枝

拿枝是指用手将一年生枝从基部逐步捋至顶端，伤及木质部但不折断的方法。拿枝的作用是调整枝条的方位和角度，缓和旺枝的长势，又能促进成花，是对生长期长势较旺、直立的枝条应用的一种方法。拿枝后可结合使用开角器来对其效果加以稳固。

（四）拉枝

为了缓和树势，调整辅养枝或骨干枝的角度，促进提早结果，可采取拉枝措施。一般用草绳等物，上端拴上木钩，或垫上废布、废胶皮等物，防止伤及被拉枝条的皮，将被拉枝拉开角度，在末端绑上木桩埋入地下。一个生长季节过后，角度基本固定时，再将拉绳解开。

为了防止将枝折断，应在拉枝前先对被拉的枝进行拿枝，将枝软化后再拉枝。在拉角度小的粗大枝枝时容易出现劈裂的情况，所以此时要在其基部的背下连锯 3～5 锯，以深达木质部的 1/3 处为适宜的伤口深度，之后再拉枝，拉时要将伤口合严实。

对一年生枝条进行拉枝时，必须结合刻芽、抹芽等措施，方能抽生较多的中短枝条，从而均衡前后长势。如果只拉枝但不抹背上芽、不刻芽、也不去顶芽，则会出现背上直立枝多，中短枝少，前部旺后部弱的情况。

通常开春以后是拉枝的时间，也有的在 6 月份采收以后进行。拉枝时要防止劈裂大枝，也要防止因拉枝的支撑点过高，使被拉枝的中部向上拱腰，造成冒条和腰角小的现象。一定要将拉枝的拉绳埋在树盘以内，以免对行间作业产生影响。

三、结果枝组的培养

（一）背上直立枝和强旺枝

根据空间的大小不同有两种处理办法：

（1）空间小时，培养成小型枝组或紧凑型结果枝组，可用极重短截修剪。

（2）空间大时，培养成中、大型结果枝组，采用重短截。

（二）成枝力弱、短枝比例大的品种

成枝力弱、短枝比例大的品种经过缓放后往往会呈单轴式延伸，形成的结果枝组为鞭杆式，后部成串短枝。连放到一定程度，应及时回缩复壮。

不同年龄树的修剪

一、幼树的修剪

在甜樱桃的幼树时期，主要是将牢固的骨架建立起来。在整形的基础上，修剪各类枝条的程度都要轻，除将一些过密、交叉的乱生枝适当疏除外，中等枝和小枝要尽量多保留一些，一年生枝要轻短截，促发较多的分枝，以利于骨干枝的生长。根据枝条的生长强弱和着生位置来决定三至四年生的幼树、主侧枝的侧生枝和延长枝的短截程度。40～50厘米为一般情况下延长枝宜剪留的长度，为了利于枝条的均衡生长，侧生枝宜短些。一般延长枝只留外芽，如果是枝条直立性较强的品种也可以留里芽，待第二年冬剪时将里芽剪除即可。为了开张角度，抑制其过旺生长，可以利用外芽当延长枝。为了利于提早结果和早期丰产，防止内膛空虚，树冠内的各级枝上的小枝，基本不需要动，以使其尽早形成果枝。

对幼树进行整形时，还要注意树势的平衡，保证各级骨干枝之间分明的从属关系。当主、侧枝出现不均衡时，要扶弱压强，回缩过强的主、侧枝，用下部的背枝作主枝头，适当重剪延长枝，这样可以使树势逐步达到平衡。

二、结果期树的修剪

保持强壮的树势，延长结果年限，获得连年高产是对结果期树进行修剪的主要目的。通过修剪可以调节结果和生长的关系，留强枝，疏弱枝，形成一定数量的结果枝并保持较大的新梢生长量。同时将衰老的结果枝组复壮，树冠内要保证有较多的有效结果部位。

生长旺盛的结果树，其主、侧枝的延长枝仍然有比较大的生长量，达到 40～50 厘米时，可将生长中等的枝剪去 1/4～1/3，年生长量逐年缩小，其延长枝的叶芽仅有顶芽和其邻近的几个侧芽，其余全是花芽，如果生长正常，每年不超过 20 厘米的生长量，可以不进行短截。修剪各级延长枝时，一定要注意不能留花芽，要留叶芽，否则会只结果不发枝，起不到延长树冠的作用。

大量结果以后，随着树龄的增长，结果枝组和树势都会逐渐衰弱，结果部位外移，此时修剪应采取更新和回缩的方法。根据后部结果枝组和结果枝的长势和结果能力，来决定对结果枝组和骨干枝是采取缓放还是回缩。如果结果能力强，长势好，则外围可继续留壮枝延伸，否则就应回缩。

进入盛果期以后，枝冠大小、树体高度都已经基本达到了整形的要求，此时为了增强树冠内的光照，应注意及时落头，不要再对骨干枝的延长枝进行短截，防止果园群体过大，影响通风透光。

要经常对细弱的冗长枝、衰老的结果枝组和冠内多年生的下垂枝等，进行更新复壮，主要采用的方法为回缩。一般要注意抬高枝头角度，回缩到有良好分枝处，使其生长势增强。同时，为了达到更新复壮的目的，还可采取去远留近、去弱留强和以新代老等措施。还应注意将枝组中叶芽的比例不断提高，以恢复正常的生长和结果能力。

三、衰老树的修剪

樱桃树一般在三十年生以后便进入衰老期，树冠呈现枯枝、焦枝，甚至缺枝少杈，树冠不完整，产量下降，所以其寿命比较短。更新复壮，重新恢复树冠是这一时期的主要修剪任务。樱桃树的潜伏芽寿命长，经回缩后的大中枝容易发出徒长枝，择优培养这些徒长枝，经过 2～3 年时间便可将树冠重新恢复。如在适当部位有生长正常的分枝，在截除大枝时，最好在此分枝的上端进行回缩更新。这种方法可以尽量减小对树的损伤，效果也比较好，不至于对产量有过多影响。另外，存在分枝的情况下，对伤口的愈合也非常有利。利用徒长枝培养新主枝时，应选择向外开展伸张，方向、位置、长势适当的枝条。应去除过多的，余者短截，以促发分枝，然后缓放，使其成花，形成大、中型枝组。需要注意的是，去除大枝若在冬季进行，会出现伤口不易愈合，而引起流胶死亡的情况。所以，萌芽后是进行修剪的最好的时间。

四、放任生长树的修剪

将栽培若干年后未按整形要求进行修剪的树，或根本就没修剪过的树称为放任树。这种树一般表现为外围竞争枝和大枝多而乱，树冠内部的透光通风情况差，内膛枝细，有的已枯死。对这类树首先要解决的问题是树冠内部通风透光，要有计划地将过密大枝逐年疏除，如果中心干过强，可在适当部位开心，然后将大枝拉成近水平状。因为大枝已经很粗，想撑开不太容易，可先用锯在大枝基部距分枝点 20～30 厘米处锯 3 刀，然后均匀用力将枝拉成所需的角度。拉开大枝后，会对新梢的生长产生抑制作用，这样有利于积累光合产物，更主要的是将树冠内通风透光的问题解决了，从而使花芽的质量提高。

经过上述处理后，再注意肥水管理，当年就可形成大量结果枝，2～3 年就可结果。

不同品种树的修剪

一、那翁类型品种的修剪特点

那翁类型品种包括那翁、水晶、晚红、红丰和晚黄等。这一类型品种的幼树适宜轻修剪，为了增加枝叶量，可以适当多进行一些短截，但短截年限最多 3 年，以后就可以采取缓放的方法。进入初果期以后，培养各种结果枝组是主要任务。

根据山东省烟台市的经验，那翁等品种的枝组以鞭杆式为主。通过连续的缓放对树势起到了稳定作用，必须形成各种类型的鞭杆式枝组。一些保持较大株行距的树，也应将其部分旺枝适当短截，但不宜短截数量太多，以免对光照产生影响。

要注意轻修剪进入结果期以后的树，而对其结果枝组通常不剪只缓放。要及时更新进入衰老期的树，为了使潜伏芽萌发，多抽生枝条，在前一年，就要对需更新的树增施基肥。早春萌芽前后是更新较适宜的时间，因为冬季更新后的成枝力和萌芽率都显著降低。如果需要全园更新时，最好先种植其他农作物 3～5 年，之后再重新栽植樱桃苗。

二、大紫类型品种的修剪特点

大紫类型的樱桃有较强的成枝力，不论对其进行哪种短截，都能使枝量明显增加，所以，对幼树要少一些短截。因为幼树角度大，抽条较细，在短截主枝时要注意适当缩短，放长以后会使短果枝加快衰亡，结果部位很快外移。对于幼树的辅养枝，可以先进行缓放修剪，之后将其回缩，待回缩的枝条开始转旺后，再进行短截。为了更好的促生分枝，增加结果部位，如果树冠有较大的空隙时，可以进行多次缓放，多次回缩。

对初结果的树，以培养大、中、小型结果枝组为主要任务。培养大、中型结果枝组时，可先缓放 70～80 厘米的旺枝 1～2 年，之后再进行回缩。对一些中等枝长度在 40 厘米左右的，通常用来培养小型枝组。培养结果枝组时如果采用先缓放后回缩的办法，要注意缓放后不弱，回缩后不旺，只有保持长势中等，结果才能多。

大紫类型的樱桃，结果以中、长果枝为主。为了使中、长果枝保持有一定比例，应根据形成果枝的数量和长果枝的长势，适时进行回缩。发育枝的数量在回缩后不宜保留过多，以免对坐果率产生影响。但如果回缩后根本不抽枝，或抽枝很少，也会对产量有一定影响。所以，回缩时一定要根据肥水条件、枝条的着生部位和树势，做到缓放不弱、回缩不旺。

三、紫樱桃类型品种的修剪特点

短把紫、鸡心和琉璃泡等是这类樱桃的主要品种。它的生长特点是枝量少，成枝力弱，树冠小，树体矮，结果以花束状短果枝为主，中、长果枝极少，有少量短果枝。结果枝有自然分枝能力，结果后容易形成短果枝群。

幼树期间，因其成枝力比较弱，所以需要对发育枝进行短截，要重短截细弱枝，而且短截的年限要长，一般为3年，短截的数量要多。为了增加枝量和结果部位，3年以后边短截边缓放。一般夏季不进行修剪，因为夏季摘心会使发育枝抽枝能力和抽枝数量减弱，甚至形成小老树。

对于初结果期的树，以培养结果枝组为主要任务。无论培养什么样的枝组，都要根据树势、枝势来决定，或先短截后缓放，或先缓放后短截。

甜樱桃整形修剪的注意事项

（1）由于甜樱桃的树杈容易劈裂，所以不宜用夹角小的枝作主枝，应及早将角度小的枝疏除。

（2）疏除大枝的伤口在冬季修剪时不易愈合，而且容易流胶。所以宜在采收后或生长季节进行疏除，这样不会流胶，而且愈合快。疏除时不能留桩，且伤口要平。最忌的伤口就是"朝天疤"，这种伤口不易愈合，容易造成木质腐烂。

（3）不宜对甜樱桃树采用环剥技术，环剥后易折断和流胶。

（4）甜樱桃长枝上往往会有3~5个轮生枝出现，最多只能保留2~3个，其余的应在其发生当年的休眠期疏除。疏除如果过晚，就会出现大伤口，易流胶，不利于樱桃树的生长。

（5）虽然在整个休眠期内都可以进行冬季修剪，但还是越晚越好，通常最适宜的时间是接近芽萌动时。因为樱桃枝干的木质部导管比较粗，组织松软，所以如果修剪早了，剪口容易失水形成剪口芽及干桩，或向下干缩一段影响枝势。

（6）幼龄树有较强的生长势，成枝力和萌芽力都较高，随着年龄的增长，其下部枝条开张，表现较强的萌芽力；而成枝力逐渐变弱，短截后只在剪口下有3~5个枝形成，其余的萌芽都会变成短枝。因此，修剪幼龄树时应以夏剪为主，适当轻剪，抑前促后，促控结合，以达到快速扩大树冠、促发短枝、缓和极性、尽早结果的目的。

（7）樱桃的芽具有早熟性，在生长季节进行多次摘心，可促发2次枝和3次枝。夏季摘心后剪口下只会有1~2个中长枝发育，下部萌发的大多会形成短枝。因此，为了扩大树冠，在整形修剪上，要利用芽的早熟性多次对旺树旺枝进行摘心。也可利用夏季重摘心，达到培养结果枝组，控制树冠的目的。

（8）樱桃的顶芽是叶芽，花芽是侧生纯花芽。花芽开花结果后不再萌发，而是形成盲节。修剪结果枝时，剪口芽应留在花芽段以上2~3个叶芽上，而不能留在花芽上。否则，剪截后留下的部分会在结果以后死亡，从而变成干桩，使其前方形成无芽枝段，对枝组的果实发育产生影响

（9）甜樱桃喜光，极性又强，在整形修剪时如果将外围枝过多短截，就会使外围枝的枝量过大，枝条密挤，上强下弱，结果枝组和内膛小枝容易衰弱枯死。所以在进入结果期之后，要对外围枝量的多少加以注意，以使树冠内的光照条件得以改善，从而提高树冠内枝的质量。

（10）在田间管理上，需要特别注意不要损伤树体和枝干，修剪时尽量减少大伤口。这是因为，树体枝干一旦受伤后，非常容易受到病菌侵染，导致流胶或发病。

第二节　土肥水管理

土壤管理

　　樱桃树属于浅根性果树，大部分根系在土壤表层分布。如果樱桃园深层土壤的条件好，根系也可以深入地表以下。关于樱桃园的土壤管理，主要内容包括：扩穴深翻、树盘覆盖、树干培土、中耕松土、果园间作、水土保持和山地梯田的整修等。

一、扩穴深翻

　　深翻樱桃园的土壤，有很多好处。一是可以使土壤保持疏松通气，改善土壤的保水性和透水性，对土壤微生物的活动非常有利。二是可以使土壤的厚度增加，如果深翻的同时结合施基肥，则会有更好的效果。三是秋翻土壤可以将一部分越冬害虫消灭掉。四是深翻时还可以适当断根，从而使新根增生，利于树体的生长。但所有的断根应控制在直径为 0.5 厘米左右的粗度范围内。翻耕土壤时，一定要掌握少伤甚至不伤粗根的原则。经过冬、春愈合，断了的细根很快会长出新根。

　　扩穴深翻的方法：在幼树定植后的开始几年内，每年或隔年从定植穴的边缘开始向外扩展，挖一条环状沟，宽约 50 厘米、深 60

厘米。将沟中的沙石掏出，填上农家肥和好土。每年这样扩大，直到将两株之间的深翻沟连接起来为止。

对已定植多年的结果树，可采用半圆形扩穴法。为了防止伤根过多，影响树势，可分两年对一株樱桃树进行扩穴。扩穴的半环沟深50厘米左右，宽50厘米，内缘距树干1.5米。挖好沟后，为了增加土壤的有机质，改良土壤，将新土、腐熟的厩肥和堆肥、粉碎的秸秆等混合好后回填。可以分层回填，随填随踏实。填好后及时浇水，以沉实沟土。

在平原沙滩地建的樱桃园，因为规划整齐，故深翻沟可采取"井"字形，并逐年向外扩翻。要视植株的大小来决定扩穴距离树主干的远近。通常情况是在距主干1.5米左右的地方，挖深宽各50厘米的沟，换上农家肥和新土。可以隔年进行，一年挖一侧。

山地梯田的樱桃园一般会在夏季进行翻刨树盘。在雨季到来之前，要充分刨翻树盘内的土壤，以利于拦蓄雨水，抗御秋旱。

樱桃树进入盛果期后，其根系已遍布全园，此时可以在土表撒上基肥后，进行全园刨翻，以不伤大根为刨翻的深度。粗根多在靠近树干基部的地方，所以在刨翻时要特别注意，不能伤大根。

二、树盘覆盖

（一）树盘覆盖的好处

秸秆覆盖是目前主要推广的覆盖方法。将秸秆材料，如豆秸、麦秸、白薯秧、玉米秸秆和稻草等物粉碎后铺到树盘上，也可以不粉碎按原样铺在树盘上。秸秆覆盖有如下的好处：

1. 土壤保墒性好

用秸秆覆盖的土壤，在降雨或灌溉后，表面蒸发小，径流损失小，所以能维持较长的最佳土壤湿度时间。

2. 增加土壤养分，改善土壤结构性能

经日晒雨淋，腐烂后的覆盖的秸秆材料，会使土壤中的有机质增加。

3. 使土壤的温度变化变缓变稳

不管是日变化还是年变化，樱桃园土壤温度尤其是地表温度的变化都非常大。在覆盖秸秆后，可以使这种变化减小。夏季覆盖后，可以将白天土壤表面的高温降低，对果树有利。冬季覆盖后，可以使冻土层的厚度减小，对果树也有一定的好处。

4. 土壤通气状况良好

在秸秆覆盖下的土壤与覆盖薄膜相比，有良好的通气状况。相比于清耕管理，不易使土壤出现"板结"现象。因其良好的通气效果，也就可以确保樱桃的根系发育良好。

5. 果园杂草少

覆盖秸秆后，杂草种子尤其是双子叶杂草很难发芽长起来。

（二）秸秆覆盖的方法

对土壤进行覆盖最好的时间是在雨季前，这样可以使雨季的地表径流减少，多储存一些水分，以利于秸秆的腐烂分解加快。秋季也可以覆盖，但春季最好不要覆盖。因为在早春覆盖地表，会使土温回升变慢，从而造成根系不能正常吸收水分和养分，樱桃树的地上部分因周围气温回升得快，萌芽展叶等需要一定的水分，从而使根系不能满足地上部萌芽、开花和展叶的需求。这种现象在夏季或秋季的秸秆材料覆盖上也同样存在，夏季和秋季进行覆盖，会使地温在第二年早春时回升变慢。为了解决这个问题，可以在早春把覆盖材料翻入土中，或把覆盖材料翻向行间。过了早春后再将覆盖材料翻回来。覆草厚度一般以 10～15 厘米为宜。

（三）秸秆覆盖的注意问题

1. 病虫害严重的问题

会有越冬病虫害寄生在覆盖材料中，这种情况在温暖的地区比较严重，在干旱寒冷的地区并不严重。为了解决这个问题，普遍的做法是将石硫合剂喷洒在早春的覆盖材料上，一遍即可。

2. 防火问题

多撒压一些土在覆盖材料上，是较为稳妥的防火办法，特别是迎风面的压土要多。

三、树干基部培土

在树干基部进行培土，是樱桃园管理中的一项重要措施。在苗木定植以后，为了加固树体，要在甜樱桃树干的基部培起一个高30厘米左右的土堆，除了可以加固树体外，它还能使树干的基部发生不定根，吸收面积随之增加，同时还有抗旱保墒的作用。所以对进入盛果期之前的甜樱桃树，一定要注意培土。早春是安排培土的最好时间，秋季扒开土堆，这样可以对根茎的健康状况随时检查。一旦发现病害要及时治疗。为了防止雨水顺树干流入根部，引起烂根，土堆的顶部要与树干紧密接触。

四、中耕除草

对樱桃园进行中耕除草，既可将杂草清除，避免杂草与樱桃树争夺养分和水分，又可以将土壤中的毛细管切断，使水分蒸发减少。根据当地气候特点和杂草的多少，决定具体的中耕次数。除草效果较好的时间是杂草出苗期和结籽前，以 6 ~ 10 厘米的中耕深度为宜。

五、种植间作物

在樱桃果园尚未郁闭的时候和樱桃果树幼年期，为了充分利用土地和空间，提高经济效益，可在行间种植间作物。同时还有增加植被覆盖，保持水土，减轻杂草危害的作用。但是，若选择不好间作物，则容易发生间作物与樱桃树争夺养分、水分和空间的矛盾。为此，选择正确的间作物种类非常重要。间作物的种植要和果树之间保持一定的距离。通常情况是以树冠的外缘为界，土肥水管理要加强，尤其是二者在剧烈争夺养分和水分的时期，要及时施肥和灌水。

对间作物的种类选择，要求生长期短，植株要矮小，不影响树体的光照；间作物的大量需肥水期要与果树的大量需肥水期错开；病虫害少，且和果树没有共同的病虫害；间作物本身的经济价值要高。目前，生产中常用到的间作物有薯类、豆类和绿肥等。在间作物与果树的关系中，第一位的永远是果树，其次才是间作物；当二者出现矛盾时，间作物要给果树让路。

六、果园生草的作用

1. 改善土壤结构，提高土壤有机质含量，增强地力

即使不对果园增施有机肥，生草后腐殖质在土壤中的含量仍可在1%以上，而且土壤结构良好，尤其对一些土质比较黏重的果园，会有更大的改土作用。

2. 利于果树根系的生长发育

地面的覆盖层增加，能使土壤表层温度变幅减小，对果树根系的生长发育非常有利。在夏季的中午，沙地清耕果园的裸露地表温度能达到65～70℃，而生草果园的地表温度仅有25～40℃。北方寒冷的冬季，清耕果园有厚达25～40厘米的冻土层，而生草园的冻土层仅有15～35厘米。

3. 有利于果园的生态平衡

将紫花苜蓿、三叶草等植被种植在果园中，容易形成利于天敌，不利于害虫的生态环境，可将自然界天敌对害虫的持续控制作用充分发挥出来，减少农药用量，是对害虫进行生物防治的一条有效途径。

4. 有利于改善果实品质

因为一般果园容易偏施氮肥，从而会造成果实品质欠佳。在果园生草可以降低土壤中的含氮量，适当提高磷和钙的有效含量，可以均衡果树营养，能促进果实着色，提高果实抗病性，增加果实中可溶性固形物含量和果实硬度，从而使果实的商品价值得到有效提高。

5. 山地、坡地果园生草，可起到保持水土作用

对果园生草形成致密的地面植被，可减少地表径流对山地、坡地土壤的侵蚀，起到固沙固土的作用。同时，生草还能使无机肥变成有机肥，将其固定在土壤中，使土壤的蓄水能力增加，减少肥水流失。

6. 果园生草可减缓雨涝对果树的危害

生草后的果园地表径流小，积水较少，加上草被具有大量蒸腾的作用，可使雨水蒸发加快，与清耕果园相比，雨涝给生草果园带来的危害要更轻一些。

七、生草种植技术

1. 生草种类

果园生草要求匍匐生长或矮秆，耐阴、耐践踏、适应性强，没有与果树共同的病虫害，且能引诱天敌，生育期短。适合生草的种类有禾本科的剪股草、野牛筋、羊胡子草、结缕草、早熟禾、燕麦草、鸭茅草等，豆科的有红三叶、紫花苜蓿、扁豆黄芪、田菁、箭

管豌豆、绿豆、白三叶、黑豆、百脉根、乌豇豆、沙打旺、多变小冠花、紫云英、苕子等。草种最好选用紫花苜蓿、扁豆黄芪、三叶草、田菁等豆科牧草。

2. 果园生草条件

没有灌溉条件且年降水量少于 500 毫米的果园，以及高度密植果园都不适合生草。

3. 种草时间

较为适宜的种草时间一般在春天 3~4 月份，地温稳定在 15℃ 以上或秋季 9 月份。如果在 3~4 月份播种，6~7 月份果园草荒前就可以形成草被，若 9 月份播种，可以避开果园草荒的影响。

4. 种植方法

可移栽或直播。移苗可先在苗床育苗，出苗后禾本科的草长至 3 个叶片以上，豆科草 4 个叶以上，即可移栽。栽的时候将其踏实即可成活。直播要先平整土地，在播种前的半月进行 1 次灌水，以诱发杂草种子萌发出土，然后喷施可以短期降解的除草剂（如克芜踪）。10 天之后再灌水 1 次，以使残留的除草剂淋溶下去，然后就可以播种草籽。若非如此，在出苗后的生草中，掺和有杂草，清除起来比较困难。

八、生草的管理

最初几个月不要刈割生草，当营养体增加，草根扎深后再刈割。1 年一般刈割 2~3 次。刈割留茬，禾本科植物留 10 厘米以上，豆科植物留 15 厘米左右。可将刈割的草开沟深埋，也可就地撒开。应对生草园增施氮肥，通常要比清耕园增施 50% 左右。生草 5~7 年后，草会逐渐老化，此时要注意及时翻压，让园地休闲 1~2 年后，可重新播草。

灌水与排水

一、灌水时期

正常情况下，甜樱桃一般一年需灌水 5 次。

（一）花前水

为了满足樱桃树发芽、展叶和开花对水分的需求，在甜樱桃发芽后开花前要浇花前水。花前水还可以降低地温，延迟开花期，防止晚霜的危害。

（二）硬核水

果实生长发育最旺盛的时期是硬核期，这时如果水分供应不足，就会对果实的生长发育产生一定影响，引起落花落果。这一时期，10 ~ 30 厘米深的土层内，不能低于 60% 的土壤相对含水量。否则，就需要及时灌水。此次需要大量灌水，以浸透 50 厘米厚的土壤为宜。

（三）采前水

果实膨大最快的时期是在采果前的 10 ~ 15 天，这几天如果土壤干旱缺水，果实就会发育不良，导致产量低，品质差。但这次灌水，必须要以前几次连续灌水为基础。否则，如果长期干旱，而在采前突然灌水，反而会出现裂果现象。所以，这次灌水的原则应为少量多次。

（四）采后水

采收果实后，正是花芽分化和树体恢复的关键时期，要结合施肥进行充分的灌水。

（五）封冻水

在果树落叶后到封冻前，要浇一遍封冻水。这有利于樱桃安全越冬，减少花芽冻害和促进树体健壮生长。

要根据当地当时的具体条件来决定以上提到的 5 次灌水。如果降雨多，则可以不再灌水。

二、灌水方法

樱桃园的灌水方法，一般为树盘灌和畦灌。有条件的地方，可用滴灌或喷灌。

喷灌是喷洒水灌溉，指在一定的压力下，利用水泵和管道系统，通过喷头把水喷到空中，使其散为细小的水滴，之后如下雨般对果树进行灌溉。这种灌水方法比较先进，有很多优点，它省水，能比地面灌水节省 30%～50% 的水；它可以适时适量地灌水，避免了因地面灌溉而形成的表面径流和深层渗漏的损失；喷灌对土地要求不高，不只是平整土地，对地形复杂的缓坡地和岗地也同样适用。另外喷灌可提高果园空气湿度，改善小环境条件，对促进果实的生长，改进果实品质效果明显。喷灌还可以使樱桃的开花期延迟，避免晚霜危害。通常在晚霜来临之前，为了有效避免霜冻，可以通过间歇喷水的方法（喷 2 分钟停 2 分钟）来达到延迟樱桃开花的效果，正常情况会使樱桃开花期延迟 15 天。

滴水灌溉的简称是滴灌，它是将水先在水源处过滤、加压，然后经管道系统输往每棵果树的冠下，再用几个滴头把水缓慢均匀地滴入土中。相较于喷灌，滴灌更加省水，其用水量约为喷灌的 1/2～3/4。滴灌的灌水效率高，不需要有劳动力在田间，易实现灌溉自动化。只是喷灌和滴灌都需要比较大的投资。

三、排水

甜樱桃是最不抗涝的树种之一。在建园时，选择的地块应不易积水，同时，排水工程也要搞好。要在雨季来临之前及时疏通排水渠道，并且果园内的排水系统要修好，这对沙地和平原果园十分重要。而且，为了改善土壤通气状况，防止雨季烂根，在每次降雨之后，要及时松土。

施肥

生长发育迅速和需肥集中是甜樱桃的特点。其生长的前半期即4月至6月下旬，集中了展叶、开花、果实发育到成熟，而在采收后的较短时间内则会集中进行花芽分化。因为早春的气温、土温都比较低，所以根系活动差，对水分和养分的吸收能力相对较弱。所以生长前半期的营养供应，主要是利用了冬前树体内贮藏的养分。而贮藏营养的水平及分配情况，会直接影响樱桃早春的枝叶生长、开花坐果和果实膨大等。根据这一特点，在施肥上，对秋季施肥要加以重视，同时要抓住开花前后和采收后两个关键时期进行追肥。

一、秋施基肥

秋施基肥，一般在9月中旬至10月下旬落叶以前施用，愈早愈好。早施基肥有利于肥料熟化，便于肥效在第二年及早发挥。应根据树龄、树势和结果多少及肥料种类来决定基肥的用量。幼树和初结果树一般株施猪圈肥100千克左右或人粪尿30~60千克；盛果期大树每公顷施猪圈肥60吨左右，或者株施人粪尿60~90千克。

二、追肥

对土壤进行追肥主要有两次，一次在花果期，一次在采果后。为了提高坐果率，增大果个，提高品质，促进枝叶生长，必须在樱桃的开花期间和结果期间适时适量地追施速效肥料，因为这一时期会消耗大量养分，对营养条件的需求较高。盛果期大树一般株施人粪尿 30 千克，或株施复合肥 1.5～2.5 千克。由于开花结果，使树体养分亏缺，又加上采果后正值花芽分化盛期及营养积累前期，所以采果后需要及时补充营养。一般盛果期大树每株可施入猪粪尿 100 千克、或豆饼水 2.5～3.5 千克、或人粪尿 60～70 千克、或复合肥 1.5～2.0 千克。

三、根外追肥

根外追肥是一种辅助土壤追肥和应急的方法。在樱桃树萌芽后到果实着色之前，可喷 0.3%～0.5% 的尿素液 2～3 次。在樱桃树的花期，可喷 1～2 次 0.39% 硼砂液。在樱桃果实着色期，喷施 2～3 次 0.3% 磷酸二氢钾。采果后，要及时喷 1～2 次 0.3%～0.5% 浓度的尿素液。一般每天的下午或傍晚是喷洒肥液的具体时间。

四、肥料种类

对樱桃施基肥，提倡主要施有机农家肥尽可能减少化肥的施用量。用有机农家肥作基肥，化肥作追肥。禁止使用污泥和有害的城市垃圾作肥料。

（一）有机农家肥

有机农家肥，包括人粪尿、畜禽粪便、厩肥、饼肥和绿肥等。有机农家肥富含氮、磷、钾三要素，有较长的肥效期。施用有机农家肥，不仅可就地取材，节省开支，而且具有改良土壤、使土壤肥力提高的作用。

（二）化肥

化学合成的速效性肥料称为化肥，通常用作生长季节的追肥。大多数化肥含的养分都比较单纯，如氯化钾、硫酸铵、尿素等，也有少数复合肥和专用复合肥含有多种营养成分，如钙镁磷、磷酸二氢钾等。如果长期使用化肥，容易形成土壤板结，所以不能过多单一使用。

1. 尿素

45%～46%的含氮量，是淡黄色或白色颗粒物或针状结晶，有较强的吸湿性。氮的形态是酰胺态，可与基肥混用或作追肥用。

2. 硫酸铵

20%～21%的含氮量，为白色结晶物，称为生理酸性肥，易溶于水，有吸湿性，氮的形态是氨态。在碱性土壤上施用，要注意盖土，以防氨挥发，可作为果树的追肥用。

3. 碳酸氢铵

17%的含氮量，为白色结晶，在常温（10～40℃）下随温度升高而加快分解，常态下至69℃时全部分解，有吸湿性。

4. 过磷酸钙

14%～20%的含磷量，为灰白色粉末状，酸性、稍有酸味，易与土中的钙、铁化合成不溶性中性盐。制成颗粒磷肥可作为基肥施用。

5. 钙镁磷肥

16%～18%的含磷量，碱性肥料，为黄褐色粉末状，易保存，不吸湿，运输方便。肥效比较慢，最好混合堆肥发酵后作基肥施用，不宜作追肥用。

6. 硫酸钾

48%～52%的含钾量，为白色结晶，吸湿性较小，贮存后不结块，易溶于水，有轻微的腐蚀性，是生理酸性肥，可作基肥或追肥使用。

（三）肥料的有效成分及其作用

1. 氮

主要是提高光合作用，促进果树生长，增进果实品质，延缓衰老，以提高产量。如果氮不足时就会使枝条生长停止，果实不再膨大，叶片变黄脱落，花芽分化不良，出现严重的落花落果现象，从而导致产量下降。如果长期缺氮，会使树体衰弱，降低抗逆性。如果氮素过多，容易出现营养生长过旺、叶片宽大、叶色浓绿、枝条徒长、果实着色迟、味淡、成熟迟等现象。

2. 磷

能促进花芽分化，增强果树的生活力，增进果实品质，提高根系抗寒、抗旱性和吸收能力。果树缺磷时，新叶小而无光泽，向内卷曲，叶脉出现黄斑，老叶呈暗绿色，果实发育不良，产量和品质下降。

3. 钾

能促进新梢木质化和增枝，增进果实成熟度、增强果实膨大，使果实的抗旱、抗寒和抗病虫害能力得到有效提高。如果树体缺钾，就会出现果实小，色泽不良，第二年发叶迟，叶色差等症状。在极度缺钾时，叶缘先呈淡绿色，而后会变成焦枯色。

4. 钙

可以树体内的生理活动的平衡进行调节，增强树体的抗性与解毒作用。树体缺钙时，根系容易严重受损，新根呈短粗状，尖端干枯，从而使茎、叶不能正常生长。

五、施肥方法

用迟效性有机肥或肥效缓慢的复合肥作为主要的基肥，应适当早施和深施。施肥的方法有猪槽式施肥、放射沟施肥、环状施肥条沟施肥和全园撒施等多种。

（一）环状施肥

环状施肥，宜在9~10月份进行，又叫轮状施肥。是指在树冠外围稍远的地方挖一条宽30~50厘米，深40~50厘米的环状施肥沟，在沟中填入有机肥，填到与地面相平。此法能节约用肥，且操作简单，但在挖沟时容易将水平根切断，且施肥范围较小。这种方法通常多用于幼树。

（二）猪槽式施肥

这种方法类似于环状施肥类，只是把环状沟中断为 3～4 个"猪槽"，此法与环状沟相比伤根较少。为了扩大施肥部位，可隔次更换施肥位置。

（三）放射沟施肥

此种方法相比环状施肥伤根少，但在挖沟时需要注意避开大根，不能伤大根。可隔年将位置更换一下，以将施肥面积扩大，从而促进根系的吸收。但施肥部位也有一定的局限性。

采用这种方式施肥时，在距主干 50～100 厘米的地方向外缘挖 4～6 条放射状沟，靠近树冠的地方沟窄而浅，向外逐步加宽和加深，沟的长度到树冠边缘为止，通常情况深度为 20～30 厘米。

（四）条沟施肥

采用这种施肥方法，是在果树株间、行间或隔行开沟施肥。也可与深翻果园土壤结合进行。

（五）全园撒施

在成年树樱桃园或密植园，樱桃树的根系已经布满全园时，大多采用此法进行施肥。在园内均匀撒入肥料，再翻入土中。因这种方法施肥较浅，所以常会导致根系上翻，从而使根系的抗逆性降低。如果将此法与放射沟施肥法隔年更换进行，可以互补不足。

六、樱桃树缺素症的表现

实际上并不是病，而是由于樱桃树缺乏某种元素而表现出的症状。如果满足了肥料种类的供应，症状就会大大缓解或完全消失。

（一）缺氮症状

叶片淡绿，较老的叶片呈红色、紫色或橙色，早期容易脱落。花芽、花、果都比较少，果实高度着色且果个小。

（二）缺钾症状

表现为叶片边缘出现枯焦，仲夏至夏末在老树的叶片上首先发现枯焦，逐渐从新梢的下部扩展到上部。叶片有时呈铜绿色，进而叶缘会出现卷曲状，角度与主脉平行，随后褪绿，灼伤或死亡。

（三）缺镁症状

较老的叶片脉间呈褪绿状，随之坏死。通常首发病的部位都在叶缘，呈红色、橙色和紫色，有浅晕，早期落叶，易先行坏死。

（四）缺硼症状

叶窄小，叶缘锯齿不规则，春季容易出现顶枯，枝梢的顶部变短。虽然有时还有花芽能形成，但不开花结果。

（五）缺锌症状

叶片主脉间呈灰白色或白色；叶窄，呈莲座状。

（六）缺锰症状

缺锌和缺锰可在同一叶片上发现，有淡绿色区在叶片的主脉间，近主脉处仍为暗绿色。

七、樱桃缺素症的预防及矫正

要预防和矫正樱桃缺素症，可采取以下方法：

（一）全面施肥，平衡施肥

樱桃的缺素症，是因为缺少多种或某种营养元素造成的。所以，对樱桃施肥时，注意营养元素相互的平衡性及全面性，就可以有效防止缺素症的发生，从而使樱桃树可以正常健康地生长发育、开花结果。

（二）对症补肥，适时适量

要及时观察、分析和诊断已经出现症状的樱桃树，弄清其所缺的营养元素种类及原因。然后针对具体的缺素症表现情况，缺什么元素，就适量补充什么元素的肥料。如果补施一次不行，可以进行第二次或第三次补施，直至症状消除。

第六章

甜樱桃优质大果技术

第一节　促进花芽分化

　　甜樱桃的花芽分化包括生理分化期和形态分化期两个阶段，短果枝和花束状果枝上的花芽在硬核期就已经开始分化。花芽开始大量分化是在果实采收后的 10 天左右，通常需 40～45 天完成整个分化期。叶芽萌动后，会长成新梢的基部各节，具有 6～7 片叶簇，其腋芽大多可以分化成花芽，在第二年结果。在进行剪梢或摘心处理的树上，有时二次枝基部也能分化成花芽，会有一条枝上两段或多段成花的现象形成。甜樱桃花芽形态分化的关键时期是 7～8 月份，这一时期如果营养不良，就会对花芽质量产生影响，甚至会有雌蕊败育花出现。我国各甜樱桃栽培区一般在这一时期都是高温多雨季节，但如果遇干旱、高温的年份，常会使花芽过度发育，就会有大量双雌蕊花出现，形成畸形果。

　　除了通过对土肥水管理加强，使树体结构构建合理，将树冠内部和外部叶片光合性能提高，还应通过拉枝、摘心、扭梢、适度干旱、环剥（环割或绞缢）和应用植物生长调节剂等技术措施，调节生殖生长和营养生长间的平衡，以提供足够的营养物质给花芽分化。

　　关于拉枝、摘心、扭梢的具体操作，请参阅本书第五章第一节夏季修剪部分，此处不再赘述。

一、环剥

　　环剥一般在盛花期进行，传统的环剥技术主要在主干上进行，通常以主干直径的 1/20～1/15 为环剥的宽度，但要根据树体的生长势、上一年的结果情况等条件来确定具体的环剥宽度，如果树势强旺的植株，进行环剥时可适当加大宽度；反之，宽度则应窄些。连续的主干环剥对树体造成的伤害会比较大，导致树体衰弱加剧，且不能对各主枝间进行适当的调节。因此，应根据各主枝间生长发育状况和树体的生长势进行局部环剥，并且目标不同，进行时期也不同。

二、适度干旱

通过有机结合起垄栽培、节水灌溉和避雨栽培等，对灌水量进行控制，从控水的角度控制新梢的生长，达到节水控冠的目的，从而对营养生长向生殖生长的转化更有利，以促进花芽分化。

三、应用植物生长调节剂

在现代甜樱桃丰产栽培过程中，通常是在前期促使树体快速成形，后期则为了控制旺长，采取喷布植物生长调节剂的方法，以促进成花，提早丰产。通常在第三年的 5～6 月份叶面喷布果树促控剂 PBO 180～200 倍液 1～2 次或 15% 多效唑 200 倍液 1～2 次，要根据上一次喷后树体长势情况来决定具体喷施次数。

四、花芽分化前增施氮肥

在花芽分化前 1 个月（在烟台 5 月中下旬）要增施适量氮肥，如磷酸二铵、碳酸氢铵等，能够促进花芽分化并提高花芽发育。

五、保叶

结合水分管理和病虫害防治，将叶片保护好，为树体生长发育、开花结果提供营养物质。

第二节　提高坐果率

根据甜樱桃生产中存在的问题，结合甜樱桃授粉品种的配置和不亲和组群、自花结实品种的培育等研究进展，提高坐果率的栽培措施如下：

合理配置授粉树

依据 S 基因型选定授粉品种，栽植时要进行授粉品种的合理配置。一般情况主栽品种占 60%，40% 左右为授粉品种。对于有的园片面积较小，可选择混栽 3～4 个品种；大面积的园片，栽植的品种应多些，根据不同的成熟期，适当安排栽培比例，授粉品种和主栽品种要分别成行栽植，以便于在采收季节分批采收和销售。

壁蜂授粉

甜樱桃大部分品种要结果必须通过异花授粉，自然授粉在生产中受天气的影响较大，若采用人工辅助授粉则对劳动力有大量需求，随着目前劳动力价格的不断提高，生产成本的攀升幅度相应较大。壁蜂授粉是一种有效的科学授粉方法，完全可以替代人工辅助授粉。对保障产量、提高质量、减少用工、降低生产成本、增加效益等具有重大意义。

一、关于壁蜂

壁蜂是一类野生的蜜蜂，有很多种类，全世界有70多种野生壁蜂，有近10种经过诱集、驯化，可用来为果树授粉。角额壁蜂和凹唇壁蜂是目前生产中广泛应用的品种。据研究，壁蜂授粉效果要高出自然授粉效果1.4～5.6倍。

壁蜂1年发生1代，1年中在巢内生活300多天，仅有35～40天生活在自然界，卵、幼虫、蛹的发育均在管内完成，其越冬以成蜂滞育状态在茧内完成，要解除滞育，必须经过冬季长时间的低温和早春的长光照感应，当自然界或室内存茧处温度回升至12℃以上时，茧内的成蜂就开始苏醒、破茧出巢、访花、繁殖后代。如果果树尚未开花，但自然界的气温已到，则需要将蜂茧存放于冰箱内，温度控制在0～4℃，以使滞育期延续，待果树开花时，再取出蜂茧释放。

一般雄蜂较早羽化出巢，多在巢箱附近停留，等待出巢的雌蜂，即行交配，雌蜂会立即寻找适宜的巢管，向底部堵泥，然后将采的花粉送入管内，在管内形成花粉团，并将1粒卵产于花粉团上，再衔泥将其封堵，一般一个管产卵5～8粒，多的可达13粒，最后将管口封住。雌蜂产卵量50多个。

12～14℃是凹唇壁蜂开始飞行活动的适宜气温（角额壁蜂活动气温为14～16℃），早上7时至下午7时是凹唇壁蜂开始访花的时间，飞行最活跃的时间是上午9时至下午3时（温度18～25℃）。它们每天工作 12 个小时，1 天能访 4000 朵花。

雌蜂有 35~40 天在自然界活动，雄蜂在自然界活动 20~25 天。壁蜂的飞行距离能达到 700 米左右，但主要在 60 米范围内访花营巢。

二、放蜂方法

（一）巢管制作

用纸或芦苇作管，根据蜂种大小决定管的内径粗细，通常凹唇壁蜂宜 7~9 毫米，管长 16~18 毫米。将芦苇管用利刀割开，一端开口，一端留节，将管口烫平或磨平，没有伤口或毛刺；或以普通铅笔作芯将 16 开的报纸卷成紧实细管，一端用调成半干的黄泥封住底。按 20∶15∶10∶5 的比例将管口染成红、绿、黄、白 4 种颜色，50 支巢管捆成一捆。上部高低不齐，但底部平。

（二）巢箱

巢箱有木板钉制、硬纸箱改制和砖石砌成三种。均为 20 厘米×26 厘米×20 厘米的体积，一面开口，5 面封闭，留有 10 厘米的檐在巢的顶部前面，以确保雨水不会将巢管淋湿。包一层塑料膜在纸箱

外,以挡风雨。巢管在箱中的排放方法为:

巢捆式:放3捆在箱底部,上面放个一硬纸板,比巢管突出1~2厘米,在其上面再放3捆,然后放一硬纸板于上面,再放纸板在两侧,以固定巢捆。

阶梯式:将30支单个巢管整齐地粘贴在硬纸板上,管口前硬纸板要留出1厘米宽的地方,上层的硬纸板边缘要对齐下层的巢管口,巢箱内以阶梯状叠放8~10层巢管。保留的管口前1厘米的硬纸板是用来每天撒授粉树花粉的。当壁蜂出巢时,花粉会粘在体毛上,被带到花朵上授粉,这适用于授粉树缺乏或无授粉树的果园。

(三)蜂茧盒

选择装注射针剂的医用纸盒,清洁无异味,长方形、正方形均可,在盒的一侧穿直径约6.5毫米的孔3个,以供破茧后的蜂爬出。将盒放在巢管的上面。

(四)巢箱设置

一般每箱100~200管,每666.7平方米放2~4个巢箱,箱底距地面40~50厘米。使巢前开阔,宜放在缺株或行间,箱口应朝向东南。位于山地的果园宜放在避风、向阳处。为了防止蚂蚁、蜘蛛等的侵害,要将废机油涂在箱下的支棍上。巢箱前最好提前栽些萝卜、白菜、油菜等,以弥补前期花源不足。

(五)放蜂时间

放蜂可分两次进行,在花蕾分离、少量花露红时进行第一次放蜂,第二次是在初花期。在花前7~8天放茧,应在花前15天将存放于4℃的茧,放到7~8℃环境中或室内。一定要保证有大量的蜂可以在开花时授粉,为使出蜂快,可以用水将茧盒沾湿,每天早上捡出空茧皮,完成出蜂需要3~4天的时间,会有个别不出的,为了帮助其出壳,可用小剪刀将茧剪破。也可让蜂提前出来,放到冰箱盒里，于开花时的傍晚将盒放入蜂箱，用纸条将盒上的飞出孔粘住，将纸条在早晨撕掉，蜂即会马上出巢授粉。

（六）放蜂量

200～800 只每 666.7 平方米。

（七）挖水坑

壁蜂构筑巢室和封堵管口都要用泥土，所以可在距巢箱约 1 米远的地方挖一个坑，深宽各 40 厘米左右，将塑料膜铺在底部，将黏土放于坑内一边，泥土加水后潮湿，在湿泥上用细棍横向划缝作洞，也可将泥垒成缝或洞，引诱蜂进洞采泥。用覆盖物将坑掩盖一半，每 3～5 天加水 1 次。如果果园在山地，挖坑可在堰下潮湿隐蔽的沟渠处进行。土若太干或太湿都不好，因为蜂喜用半干半湿的土。

（八）壁蜂的回收

落花 1 周后，可以将巢管巢箱收回。如在取巢管时遭受震动，会造成幼虫死亡，所以必须轻拿轻放。可以把巢管放在袋中，肩挑或手提运回，不能用机动车或自行车运输。在存放或运输时，要平放管，不能直立。取回巢管后，要清理干净管上的蜘蛛、蚂蚁等，横放到尼龙纱袋内，并挂在阴凉通风清洁的室内保存，为了免遭仓库害虫的侵害，切忌放在堆放粮食、杂物的屋内。冬季室内不能加温，大约在春节前，剥开巢管，将蜂茧取出，一包为 500 只，或装入罐头瓶内，置入 0～4℃冰箱。

人工辅助授粉

若遇风速大、阴雨天或低于 15℃ 等不良天气时，蜜蜂活动性较差，这时需要进行人工辅助授粉。可用鸡毛掸子在盛花期不同品种的花朵上来回滚动，持续 3～5 天，可以使授粉效率增强，以提高坐果率。

应用植物生长调节剂

研究表明，红灯花期喷 30 毫克/升赤霉素和 20 毫克/升 6-KT（6-糖氨基嘌呤），坐果率高达 56.9%，比自然坐果率提高 21.2 个百分点，比单独施用赤霉素提高 6.8 个百分点。

根外追肥

盛花期喷施 150 毫克/升的钼酸钠，对红灯甜樱桃的坐果率有显著提高，比花期喷磷酸二氢钾和硼砂效果好。此后，可以结合给叶面喷 2~3 次磷酸二氢钾和尿素。

第三节　保证优质大果

提高单果质量

（1）增加树体营养贮藏，促生优质花芽。通过摘心、拉枝开角等措施使枝条长势缓和，促使营养生长向生殖生长方向转化。保好叶片，做好病虫防治；为了提高叶功能，促使叶片晚落，可在秋季给叶面喷施 1%～2% 尿素+20～40 毫克/升 GA_3。

（2）多施有机肥。除了在定植苗木前为了改良土壤，多施有机土杂肥外，每年秋季（9月份）对结果树施 5000 千克/亩的土杂肥（杂草、人粪尿、牲畜粪、麦糠、麦秸、泥土等沤制），可以使土壤中的有机质增加，改善土壤透气状况。

（3）在果实发育期，需要追施速效性肥料 2～3 次。

（4）保证幼果发育期的水分供应充足，尤其要平稳供应第二次果实迅速膨大期所需的水分，可结合灌水，撒施碳酸氢铵。

（5）花期可以喷一次 9

毫克/升 GA$_3$，以促进幼果生长。

（6）谢花后至采收前，给叶面喷施 800 倍的泰宝、高美施、氨基酸复合微肥或其他叶面微肥 4 次。

（7）进行适当疏果，以控制负载。疏果可以使单果质量显著增加。

（8）在采收前的 3 周左右，喷 18 毫克/升 GA$_3$ 1 次，可使单果质量显著提高。

（9）采收要达到果实应有的成熟度。果实色泽为紫色的品种，必须到紫红色时采收。如果在鲜红色时采收，其果个、风味等与紫红色时采收的果实会有很悬殊的差别。

（10）保持树体健壮生长。保持外围延长新梢当年 40 厘米左右的生长量，防止施用（土施或喷施）多效唑过多，树体抽条。

预防畸形果

单柄联体双果、单柄联体三果等是甜樱桃常见的畸形果现象，通常产生畸形果的花在花期就会有畸形表现，如雌蕊柱头常会有双柱头或多柱头出现。畸形果会对甜樱桃的外观品质及商品价格等产生严重影响，甚至使其失去商品价值，使果农造成严重的经济损失。为防止畸形果的发生，主要可以采取以下措施：

1. 选择适宜的品种

据调查，甜樱桃的不同品种发生畸形果的程度不同，畸形果率最高的是大紫、红灯等，可以达到 43.1% 和 31.8%；畸形果率最低的是养老、芝罘红，分别为 7% 和 0；那翁、红丰、红艳、滨库的畸形果率在 12.4% ~ 17.8%。相同品种在不同地区的畸形果发生率也不同，在实际生产中，应根据当地的气候条件选择要栽培的品种。在山东地区，养老、芝罘红、岱红等为畸形果发生率较低的品种。

2. 调节花芽分化期的温度

如果在对温度敏感的花芽分化期遇到了极度高温天气，需要采取短期遮阳等措施，以减少太阳辐射强度和降低温度，使双雌蕊花芽发生的可能性有效降低，从而减少第二年畸形果的发生。另外，利用设施栽培，将甜樱桃的生理生化变化改变，可以提前进入花芽分化期，避开夏季高温，从而使畸形果的发生率有效降低。

3. 及时摘除畸形花、畸形果

因为产生畸形果的花会在花期就有畸形现象出现，因此要及时摘除在花期、幼果期就发现的畸形花和畸形果，以节约树体营养，降低畸形果的发生率。

第七章

甜樱桃主要病虫害的无公害防治

为害樱桃的病虫害比较少，有些病虫，即使为害也不严重。为了达到生产无公害果品的目的，在防治樱桃的病虫害时，要确保果实不受污染。首先，要增强树势，增加抗病虫害的能力，加强树体的肥水管理。其次，利用各种方法消灭病虫，早发现、早动手。

樱桃果实的发育期很短，30～45天即可完成坐果后至采收前的过程，为了确保果实不被农药污染，绝对禁止在此期间喷洒任何化学农药。

第一节　甜樱桃主要病害及无公害防治

樱桃叶斑病

一、症状及发病规律

主要为害甜樱桃和酸樱桃的叶片。甜樱桃的病叶上有大而圆的病斑，叶背会产生粉色霉层，病叶易早落。

真菌是此病的病原。病菌在落叶上越冬，子囊孢子在第二年春樱桃开花时成熟，并放射出来，随风传播，对树体造成侵染。经1～2周的潜伏期后，被病菌入侵的果树就会表现出相应症状，此时还会有分生孢子产生，以后孢子可进行多次侵染。

二、防治方法

（1）及时清扫落叶，秋后对土壤进行翻耕，以减少病源。

（2）在落花后喷 0.2～0.3 波美度石硫合剂 1 次，以后每隔 15 天再喷 1 次，可在多雨年份适当加喷。

樱桃丛枝病

一、症状及发病规律

主要为害酸樱桃的新梢。病菌能使枝条上的不定芽受到刺激，萌发大量小枝，并有很多次生小枝在这些小枝上萌发，使病枝呈簇生状。有灰白色粉状物在病枝叶片的背面生出。病枝不能开花结果，可以存活数年。

此病的病原是真菌，病菌的菌丝可沿病枝在皮层和木质部分布，并在该处越冬。病菌的孢子子囊传播是通过风雨进行的。

二、防治方法

（1）及时将病枝剪除并烧掉。

（2）落叶后和萌芽前各喷洒 1 次 1∶2∶200 倍波尔多液，或 5 波美度石硫合剂。

叶片穿孔病

一、症状及发病规律

主要为害樱桃的叶片。发病初，形成紫色针头大小的斑点，以后会逐步扩大，直到相互结合在一起，成为褐色的圆形病斑，病斑上会有黑色小点粒，即子囊壳及分生孢子块。最后病斑干缩，穿孔脱落。

此病的病原为细菌，以子囊壳在被害的叶片上越冬。第二年孢子飞散侵染，发病期一般在 5 ~ 6 月份，8 ~ 9 月份为发病盛期。严重时，会造成早期的落叶，使树势削弱，从而对产量产生影响。

二、防治方法

（1）冬剪时要将病枝梢剪除，及时清扫落叶并烧掉。

（2）发芽前喷 1∶2∶160 波尔多液，或喷 3 ~ 5 波美度石硫合剂。展叶后可喷硫酸锌石灰液（消石灰 2 千克，水 120 升，硫酸锌 0.5 千克）。

根腐病

一、症状及发病规律

根腐病多发生于五至十五年生初盛果期甜樱桃树上，很少在五年生以下幼树和十五年生以上的大树上发现。多从根茎开始发病，逐渐向粗大的侧根蔓延。破坏皮组织，使其出现溃烂，直到最后腐烂。因此会衰弱树势，虽然增多花量，但却降低坐果率，果实变小，发育不良，严重时会致使整树死亡，病因不明。

二、防治方法

（1）对果树及时进行检查，发现病斑要刮除，并用波尔多液消毒。

（2）加强果园的土肥水管理，使树体抗病能力增强。

（3）宜选大叶中国樱桃或中国樱桃等抗病力强的栽培品种的扦插苗作砧木。

根癌病

一、症状及发病规律

是分布很广的一种病害，又称为根瘤病。除了为害核果类果树外，还为害仁果类果树。此病系一种慢性病，其主要症状表现为有大小不同的癌肿物会在根部发生。通常为小如豌豆或更小，大如拳头或更大的球形。初生癌瘤略带肉色或基本无色，软质，光滑，逐渐会变为褐色以至深褐色，表面粗糙或凹凸不平。得病后会衰弱树势，容易受霜害，直至死亡。

根癌的细菌大多都存在于癌瘤的表层，当癌瘤的外层被分解以后，雨水会将细菌冲下，使其进入土壤，细菌在土壤中越冬。除了雨水是细菌的传播媒介外，昆虫也是其传播的工具。病原菌从各种伤口侵入寄主。土温在22℃（18～22℃）最适合癌瘤的形成，土壤湿度较大非常利于发病。另外，微碱性土壤比酸性土壤更容易形成癌瘤，在排水良好的沙质土中形成的癌瘤比在黏重土壤中要多。

二、防治方法

（1）首先以预防为主，注意检疫。绝对禁止将有病苗木出圃和

调出，应及时烧毁。

（2）要用5波美度石硫合剂对从外地来的苗木进行消毒。

（3）已发病的大树，可切除根瘤，然后将伤口用波尔多液、石灰乳或其他苗木消毒剂涂抹。同时，还要挖走周围的土壤，换上新土，以防止传播病原细菌。

银叶病

一、症状及发病规律

主要为害苹果、李、桃、樱桃等。受害后的果树，其干、枝、根木质部逐渐变为褐色，叶肉与叶片表皮分离，气孔的控制机能丧失，空隙中充满空气。叶片在光线反射作用下呈灰色，略带银白色光泽，因此称银叶病。往往先在1个枝上出现发病症状，以后增多。严重时叶片小，木质部变色，根部腐朽，2~3年后会导致整株死亡。

银叶病的发生主要由真菌引起，病菌越冬以菌丝体在病枝上的木质部内完成，或以子实体在病树外表越冬。病菌的担孢子的传播媒介是雨水和气流，经伤口进入树体。

二、防治方法

（1）清除菌源，应将重病树和病死树及时锯除，把病树根刨净，剪除发病枝，除掉根蘖苗，并将病菌的子实体刮除，之后将石硫合剂涂抹于伤口。要将所有病残体清理出果园且烧毁。

（2）加强栽培管理，为了避免造成大伤口，修剪时要轻。要在树体抗病能力最强的季节（7~8月份）锯除病树干、大枝，并及时对伤口用较浓的杀菌剂进行消毒，然后涂以波尔多液保护。加强建设排灌设施，避免果园积水；改良土壤，及时防治病虫害，增施农家肥，以增强树势和提高树体的抗病能力。

黄叶病

一、症状及发病规律

黄叶病除为害樱桃外，也为害苹果、桃、梨、杏等果树。通常从新梢顶部嫩叶开始出现症状，初期叶肉会变黄，叶片呈绿色网纹状，但叶脉两侧仍为绿色。严重时新梢顶部枯死，整个叶片全部变黄，叶缘枯焦，全叶呈黄白色，提前脱落。

黄叶病通常是因为缺乏铁元素而引起。铁是构成呼吸酶的成分之一，又对叶绿素的合成有催化作用。当缺铁时，会抑制叶绿素的合成，植物会表现出褪绿、黄化甚至变白。一般钙质土壤和盐碱地果园严重。

二、防治方法

（1）加强果园管理，尤其要加强发病重的果园的综合管理。春旱时要灌水压碱、挖排水沟、行间种植绿肥作物或增施农家肥，改良土壤理化性质，增加土壤有机质，释放出被固定的铁元素，使其成为易被植物吸收的可溶性铁元素。

（2）适当补充铁元素。发芽前对病树干喷施硫酸铜、硫酸亚铁和石灰混合液［酸铜：硫酸亚铁：生石灰 = 1：（1~1.25）：160］，或 0.3%~0.5% 的硫酸亚铁溶液，可以有效控制病情，但有效期较短。如果每株施以 2.5~5 千克的硫酸亚铁与农家肥的混合肥，将其按 1：5 的比例混合施入土中（结合施基肥），有效期可持续 2 年。

流胶病

一、症状及发病规律

本病发病原因不明，是樱桃树的重要病害。得病果树最先表现为树势衰弱，严重时会导致整株死亡。据观察，此病与土壤通气状况、树体强健程度、伤口的多少等因素有关。树势强的果树患了流胶病后症状较轻，树势弱的不仅容易发病，而且症状较重。伤口多的果树易流胶，在土壤积水的园中或降水量大时流胶重。

二、防治方法

（1）目前尚无有效的治疗方法，但应增强树体的抗病能力，加强果园的综合管理。

（2）修剪时要尽量避免造成伤口。

（3）不在易涝的地段和通气不良的土壤上栽植樱桃。

（4）樱桃园的雨季防涝工作特别重要，要及时中耕松土，改善土壤通气条件。

（5）要防止冻害和日灼，冬春在枝干上涂白。

褐腐病

一、症状及发病规律

除了为害樱桃、李、杏等核果类果树外，也会为害花、叶、枝，以为害果实最严重。果实的幼果就会受到此病的危害，出现病重症状是在接近成熟和成熟期。病果初期会有褐色圆斑出现在果面上，之后病斑逐渐扩大，表面长灰色霉层，果肉变成褐色。

病菌在病果或病枝上越冬。春天产生分生孢子，其传播媒介为风、雨、昆虫等。分生孢子侵害花器官，可以直接从蜜腺、柱头侵入，造成花腐，也可经皮孔和伤口侵入果实引起果腐。花期如果出现低温高湿天气，容易引起花腐，后期温暖多雾或多雨天气易引起果腐。

二、防治方法

（1）消灭菌源，结合修剪将病枝、僵果彻底清除，并集中烧毁，同时将土地深翻。

（2）对病虫害要及时防治，减少虫伤口。

（3）发芽前喷 5 波美度石硫合剂，落花前后各喷施 1 次 70% 甲基托布津 1000 倍液，或 50% 速克灵 1000 倍液。

疮痂病

一、症状及发病规律

疮痂病又叫黑星病，除为害樱桃外，也会对苹果、桃、杏、李、梅等果树造成危害。主要为害果实，也会为害新梢及叶片。受害后的果实，先有暗褐色圆形小点在果皮上产生，后呈黑痣状斑点，病斑在病情严重时会成片聚合，导致果皮组织死亡。病斑随着果实的膨大而继续增大呈龟裂状，果面呈疮痂状。

病菌越冬以菌丝体在病梢枝上完成。春天 4～5 月份产生分生孢子，它以风为传播媒介，可直接侵入叶片和果实。

二、防治方法

（1）减少菌源，结合修剪将病枝剪除，并进行集中烧毁。

（2）药剂防治。在发芽前喷 5 波美度石硫合剂，落花后喷 50%
甲基托布津可湿性粉剂 500 倍液，每隔半月 1 次。

第二节　甜樱桃主要虫害及无公害防治

金缘吉丁虫

一、危害状

幼虫蛀入树干后在皮层内纵横串食，故又名串皮虫。受虫害的
幼树，患病部位的树皮会出现凹陷变黑症状。大树受害后，在虫道
的外表皮并没有明显症状，但因为已经破坏了树体输导组织，所以
引起树势衰弱，枝条枯死。

二、形态

成虫为绿色，有金属光泽，体长约 15 毫米；翅鞘外缘和前胸背
板为金红色。圆形卵，似芝麻状。幼虫乳白色或乳黄色，体扁平。
蛹为黄褐色或乳白色。

三、发生规律

3 年发生 1 代。其越冬以不同龄期幼虫在被害枝干皮层下或木质

部蛀道内完成。第二年早春，第
一年与第二年的越冬幼虫会继续
蛀食为害，第三年的越冬老熟幼
虫开始化蛹，15～30天的蛹期。
5月上旬至7月上旬为成虫羽化
期。成虫多在树皮缝和伤口处产
卵，产卵最多的时期是5月下旬
以后。10～15天的卵期，幼虫
在6月上旬孵化而出，蛀入树皮
为害，初龄幼虫仅在蛀入处的皮
层下为害，3龄以后开始串食。

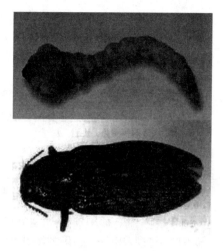

（上）金缘吉丁虫幼虫
（下）金缘吉丁虫成虫

四、防治方法

（1）冬季或早春将老树皮
刮除，可以将刚蛀入树皮的小幼虫刮出。将越冬幼虫及早消灭。

（2）将死树、死枝及时清除，尽量减少虫源。

（3）药剂防治。果实采收后用48%乐斯本乳油800～1000倍液
或90%晶体敌百虫（美曲膦酯）600倍液喷洒树皮和主干。也可以
在此虫发生期在树上喷施90%晶体敌百虫800～1000倍液，或80%
敌敌畏乳油800～1000倍液。

小透羽蛾

一、危害状

小透羽蛾又称粗皮虫、旋皮虫。幼虫在大枝和主干的皮下为害，
被害处周围有红褐色的虫粪堆积。果树受害后常会引起树体流胶，

树势减弱。

二、形态

成虫黑蓝色，有光泽，体长 12～14 毫米；翅脉和翅边为黑色，中央透明。椭圆形卵，淡黄色。幼虫为黄白色。

三、发生规律

1 年发生 1 代。其越冬以 3～4 龄幼虫在被害部位皮层下完成。第二年树萌动后开始活动，继续蛀食。老熟后的幼虫，会先将被害部位的树皮咬出一个圆形的羽化孔，但不会将表皮咬透，幼虫会在 5 月中下旬开始作茧化蛹。约半个月的蛹期，成虫在 6 月上中旬开始羽化而出。成虫羽化时会将表皮咬破，蛹壳一半会被带出羽化孔。成虫在树皮裂缝和有伤疤处产卵。卵在 8 月下旬至 9 月上旬孵化后，幼虫便会蛀入树皮为害。

四、防治方法

（1）将在修剪时剪下来的被害枝进行集中烧毁。

（2）如果早春或晚秋在主枝、主干上发现有黏液或褐色虫粪，可涂 50% 敌敌畏乳油 5 倍液。成虫发生期，为了防止成虫产卵，可在主枝、主干上涂白涂剂。

红颈天牛

一、危害状

主要为害樱桃、杏、李、桃等，是核果类果树的主要蛀干害虫。以幼虫在枝干木质部和韧皮部之间柱食，在木质部内会向下或向上柱食，使树干形成中空。有粗锯末状粪便将被蛀食的虫道塞满，并会排出大量粪便。果树受害后会造成树皮死亡和树势衰弱，并引发流胶病，严重时甚至会导致主枝死亡及整树的死亡。

二、形态

成虫体黑色，有光泽；前胸背板完全黑色或棕红色。卵为米粒状，乳白色。幼虫初为乳白色，近老熟时呈黄白色。蛹淡黄色。

三、发生规律

2～3年发生1代。成虫在距地面30厘米左右的树干上或大枝的树皮裂缝里产卵。初孵化的幼虫会先向下蛀食皮层，当年冬天在韧皮部以小幼虫越冬。开春后会继续以木质部的边材为食，再经过一冬，第三年春后幼虫老熟化蛹，成虫在6～7月份出现。中午，成虫多静伏于枝干上。

四、防治方法

（1）在成虫发生前，将白涂剂（生石灰10份、硫黄1份、水40份配成）涂抹于树干和大枝上，以防止成虫产卵。

（2）在成虫发生期的中午，进行人工捕捉。

（3）7～8月份，在大枝及树干上寻找有虫粪处，用刀在有新鲜虫粪的地方，将蛀道内的幼虫挖除。

（4）药剂防治。果实采收后的6～7月份是成虫羽化高峰期，往树上喷洒80%敌敌畏乳油1000倍液或2.5%功夫乳油2000倍液，以杀死成虫。也可往蛀孔内灌注80%敌敌畏乳油1500倍液，将幼虫

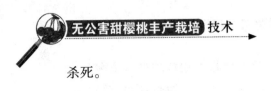

杀死。

金龟子类

金龟子俗称铜壳螂、瞎撞子。种类很多，通常情况下，在甜樱桃上发生为害的金龟子主要有两种，即苹毛金龟子和黑绒金龟子。

一、危害状

金龟子类害虫主要啃食樱桃树的嫩枝、芽、幼叶和花等，有的还会对根系产生危害。

二、形态

（1）苹毛金龟子。成虫全身除鞘翅和小盾片无毛外，皆被黄白色细密绒毛，体长10毫米，雄虫毛长而密。

（2）黑绒金龟子。成虫体长8~9毫米，圆形卵，体被黑色密绒毛。

三、发生规律

（1）苹毛金龟子。1年发生1代。其越冬以成虫在土壤蛹室内完成。第二年春开始活动，4月下旬至5月上旬出土为害，一天中取食最盛的是上午8~9时，下午2~3时。成虫没有趋光性，有假死性。成虫会在5月中下旬入土产卵。卵虫孵化后以植物根茎为食，秋季化蛹。羽化后的成虫当年不会出土，而是在蛹室内越冬。

（2）黑绒金龟子。1年发生1代。其越冬以成虫在土中完成。

每年出土的时间为3月下旬至4月上旬，4月中旬为出土高峰期，以嫩叶、幼芽和花蕾为食。成虫白天潜伏土中，于傍晚和夜间活动，有较强的飞翔力。成虫有一定的趋光性，也有假死性。产卵期在6月份，通常在5～10厘米深的表土层中产卵。6月中下旬出现第一代幼虫，为害根系。幼虫在8月中旬至9月中旬老熟，潜入土壤20～30厘米深处，做土室越冬。

四、防治方法

（1）利用成虫有假死的习性，在成虫发生期的早晚，用震落的方法捕杀成虫。

（2）诱杀。黑绒金龟子有趋光性，可用黑光灯诱杀，也可于傍晚在樱桃园边点火堆诱杀。

（3）药剂防治。为了避免花期因喷药伤害蜜蜂，防治苹毛金龟子喷药时，一定要在开花前的2～3天进行。可用50%敌敌畏乳油250毫升加2.5%功夫乳油50毫升对水250升，全树喷洒。

草履介壳虫

一、危害状

主要为害樱桃树的叶片、嫩枝和幼果。雌成虫和若虫将刺吸式口器插入嫩枝和嫩芽吸食汁液，使树势衰弱。

二、形态

雌成虫虫体被细毛和白色蜡粉，为鞋底状。雄成虫有1对翅，体淡红色。若虫体形与雌成虫相似。椭圆形卵，黑褐色。

三、发生规律

1年发生1代。其越冬以卵和初孵化的若虫在树干基部土壤里完成。若虫在每年的2月下旬至3月上旬上树为害嫩芽和嫩枝，虫体上有白色蜡粉分泌，需要蜕3次皮，才会变为成虫。雄成虫在5月上中旬出现，雌成虫交尾后于6月中下旬下树入土，先分泌白色蜡质卵囊，然后在囊中产卵，每个囊会有100多粒卵。产卵后的雌成虫死于土中。

四、防治方法

（1）2月上旬毒杀上树若虫，将10～15厘米宽的"封锁带"涂抹于树干基部。其配方是：废机油和废黄油各半，加热熔化后将少量乐果乳油加入而成。

（2）农闲时，将树干附近土壤中的棉絮状卵囊挖出并烧毁，效果良好。

球坚介壳虫

一、危害状

雌成虫和若虫在被害枝条上固定并吸食汁液，而且分泌大量蜜露污染枝条。被害枝条生长不良，甚至造成整枝和树体死亡。

二、形态

雌成虫直径3～3.5毫米，为半球形，初为黄棕色，后变为黑栗色或栗色，有光泽，表面有3～4列横皱状小凹点。

三、发生规律

1 年发生 1 代。其越冬以 2 龄若虫在枝条腹面裂缝、伤口边缘或粗翘皮等处完成。越冬虫体上有白色蜡质物覆盖。第二年春 3 月上中旬，蜡质覆盖物下的若虫爬出，会另选枝条群集并固着吸食为害，若虫会分化为雌雄两性。雌性呈半球形，体渐膨大；雄体覆盖一层蜡质，并开始化蛹。雄成虫在 4 月上中旬前后羽化而出，与雌虫交尾后不久即死去。雌虫在 4 月下旬至 5 月初产卵，雌虫产卵后会逐渐干缩，仅留一空壳，壳内充满卵粒。卵在 5 月中下旬开始孵化，若虫从母壳爬出后会分散到枝条上为害，第一次蜕皮在 9～10 月份，之后变为 2 龄若虫越冬。

四、防治方法

（1）早春发芽前喷 5 波美度石硫合剂。果实采收后可喷 20% 杀灭菊酯乳油 2000 倍液、0.3 波美度石硫合剂、25% 扑虱灵可湿性粉剂 1500～2000 倍液或 2.5% 功夫乳油 2000 倍液。

（2）冬季修剪时，将有病虫的枝条剪除，或用刷子将越冬若虫刷死。

（3）保护天敌。球坚介壳虫的主要天敌是黑缘红瓢虫，1 只黑缘红瓢虫一生可捕食 2000 余只介壳虫，1 天可食 5 只介壳虫。在天敌大量发生时，可以不用广谱性杀虫剂或减少用药。

桑介壳虫

一、危害状

桑介壳虫又称桑盾蚧、桑白蚧。主要为害樱桃、李、杏等核果类果树，同时对苹果树和梨树等也有危害。若虫和成虫在枝干上吸食汁液，病情严重时白色介壳会布满全树枝干，使枝条萎缩枯干，甚至致使整树死亡。

二、形态

雌介壳虫白色或灰白色，近圆形，背面隆起，壳点黄褐色，有明显的螺旋纹。雄介壳虫为灰白色，长条形，背面壳点橙黄色，有3条突起的隆脊。

三、发生规律

1年发生1代。其越冬以受精雌成虫在枝条上完成，樱桃树萌动后开始吸食汁液，每年4月下旬至5月上旬在母壳下产卵，每只雌虫可产40~400粒卵，产卵后的雌虫即干缩死去，仅留空壳。经7~14天卵孵化，5月中旬第一代若虫出现。初孵化的若虫仅在母壳下停留数小时就会爬到枝条上为害。经过8~10天后，会有白色蜡粉覆盖在虫体上，并逐渐形成介壳。雄成虫于6月中下旬羽化，与雌虫交尾后很快死去。交尾后的雌虫腹部逐渐膨大，会在7月初前后产下第二代卵，第二代若虫会在7月中下旬出现，雌成虫于9月下旬至10月初交尾受精后越冬。

四、防治方法

（1）在树体发芽前喷施5波美度石硫合剂。

（2）冬季将树皮上的越冬虫体抹、刷、刮除，或在树皮喷黏土柴油乳剂（细黏土1份，柴油1份，水2份）。

（3）在一二代初孵化的若虫尚未形成介壳之前，喷0.3波美度石硫合剂。

苹果小卷叶蛾

一、危害状

主要为害樱桃、苹果等核果类果树。幼虫主要卷叶为害，也咬食果面，使果面出现许多小凹坑。

二、形态

成虫体和前翅淡棕色或黄褐色，翅展 16～20 毫米，体长 6～8 毫米。椭圆形卵，扁平，淡黄色，通常以数十粒卵排成鱼鳞状的卵块。幼虫浅绿至翠绿色，体长约为 17 毫米。蛹黄褐色，体软，细长，长 9～10 毫米。

三、发生规律

在北方大部分地区此虫 1 年发生 3 代，天水地区 1 年 2 代。其越冬均以幼龄幼虫在老翘皮、剪锯口周围死皮中和吊绳等处结茧完成。在果树发芽时出蛰，出蛰期 20 天。幼虫出蛰后会在芽旁结薄网，并潜伏其中，以幼芽和花蕾为食。展叶后缀叶成苞，并在其中潜居以叶肉为食，幼虫老熟后在卷叶内化蛹。

孵幼虫在卵壳附近的叶背上分散，或潜入上代幼虫的卷叶内，稍大后即分散卷叶为害。幼虫活泼，若触及其尾部则蹦跳前进，触及其头部则蹦跳后退。成虫白天在叶片上静伏，夜间活动。对果汁、果醋有强烈趋性并有微弱的趋光性。

四、防治方法

（1）在休眠期将树皮刮除，并进行集中烧毁。

163

（2）发芽前将锯口、翘皮、裂缝及枝杈等处用50%敌敌畏乳剂200~250倍液涂抹，将出蛰的幼虫杀死。

（3）面积小的果园，可以进行人工捕捉。

淡褐巢蛾

一、危害状

主要为害樱桃、苹果、山楂等果树。幼虫悬于网内，咬食叶表皮、叶肉，成虫在叶片正面拉网。幼虫会在花芽萌动时出蛰，钻入芽内为害，吐丝将花芽缠绕，使花芽不能开放，受害后的芽会有褐色黏液流出。

二、形态

成虫灰白色，体长4~5毫米，翅展10~12毫米，头部密被黄色鳞毛，线状触角，白、褐两色相间。前翅上布有不匀的褐色及黑褐色鳞片，整体为银白色，靠近前缘近顶角处有1白斑，翅基、中部及外缘部分色深。后翅缘毛长，灰褐色。椭圆形卵，淡绿色，半透明，长0.6毫米，扁平。老熟幼虫头部淡褐色，体细长，头、尾稍细，淡黄色，体长8~10毫米，背中线黄色。蛹黄褐色，外被白色纺锤形丝茧，体长约5.5毫米。

三、发生规律

在山西中部地区每年3代，在辽宁地区，其越冬以蛹在杂草、落叶、土壤缝隙等处完成。晋中一带越冬以小幼虫在剪锯口、枝杈处、贴叶下、芽鳞处结白茧完成。在兴城地区，第二年成虫羽化在5月上旬完成，羽化盛期是5月中旬，交尾后在叶面产卵，第1代幼虫于 5 月下旬至 6 月上旬孵化。第 2 代在 8 月，第 3 代幼虫为害至 9 月下旬或 10 月上旬，老熟幼虫会下树寻找适合的场所以结茧化蛹越冬。成虫有趋光性，昼伏夜出，多在叶面叶脉凹陷处产卵。此虫世代重叠，多胚跳小蜂、黑绒茧蜂等是其天敌。

二、防治方法

（1）冬季将老树皮、翘皮刮除，并集中烧掉，以将越冬幼虫消灭。

（2）在发芽前喷 5 波美度石硫合剂。

苹果剑纹夜蛾、桃剑纹夜蛾与梨剑纹夜蛾

一、危害状

3 种均为杂食性害虫，除为害樱桃外，对苹果、梨、桃等多种果树也有危害。幼虫在叶背群集，咬食表皮和叶肉，为害叶片。稍大后分散开来，也啃食果皮，使果面有不规则凹陷出现。

二、防治方法

（1）3 种害虫均为零星发生，可在数量不多时进行人工捕捉。

（2）如果发生严重，可以 50% 辛硫磷乳剂 1500 倍液喷洒消灭。

舟形毛虫

一、危害状

舟形毛虫是常见的食叶害虫，杂食性很强，幼虫暴食叶片，受

害叶片往往仅剩下主脉和叶柄。因为幼虫有群集习性，所以枝条受害后的最初表现为先端有一张叶片的叶肉和上表皮被吃光，仅剩呈箩底状的表皮，大幼虫会将其下部的叶片全部吃光，仅剩叶柄。

二、形态

成虫前翅淡黄白色，翅基有一椭圆形斑块，体长 25 毫米。初龄幼虫体节上有黑色毛疣，刚毛长，黄绿色；老熟幼虫体背面紫褐色，腹面紫红色，头黑色。蛹红褐色。近球形的卵，无色，一个卵块有数十粒到几百粒。

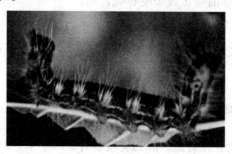

三、发生规律

1 年发生 1 代。其越冬以蛹在土内完成。6 月上中旬为成虫发生期，7 月份是盛期，末期在 8 月中旬。成虫将卵产于叶背，约 7 天的卵期。卵孵化后初龄幼虫头部朝里，排列整齐，群集为害；稍大后幼虫会分散为害。老熟幼虫吐丝下坠或沿树干下爬进入土中化蛹。成虫夜间活动，白天停息在隐蔽处，有趋光性。受惊的幼虫会吐丝下垂。

四、防治方法

（1）幼虫为害期，可将有幼虫群集的枝条剪除，将其杀死。

（2）果实采收后可喷洒 50% 敌百虫乳油 1000 倍液、48% 乐斯本乳油 2000 倍液或 25% 灭幼脲 3 号胶悬剂 1000 倍液。

（3）春刨树盘或秋翻果园，可将部分越冬虫蛹消灭。

（4）用黑光灯诱杀。

苹果黄蚜

一、危害状

主要为害苹果，对樱桃、梨和山楂等果树也有危害。以叶片汁液为食。

二、防治方法

保护天敌，一般不喷施药剂，发生严重时除外。在果油间作、果粮间作的果园内，间作物上的瓢虫等害虫天敌常会转移捕食黄蚜。

第三节 樱桃园常用农药品种及使用技术

常用杀虫剂

一、螨死净

又称阿波罗、四螨嗪，对害螨的卵、幼螨和若螨均有较高的杀伤力，是一种高度活性专用杀螨剂，虽不杀成螨，但可使成螨的产卵量显著降低，并使产下的大部分卵不能孵化，即使孵化出幼螨，也会很快死亡。对果树和天敌安全，对人、畜低毒。

剂型有 20% 悬浮剂和 50% 悬浮剂。可在春季对果树上的螨类使用，常用浓度为 2000 ~ 3000 倍液。注意不能混用石硫合剂和波尔多液等碱性农药。可与其他杀虫、杀菌剂混用。

二、尼索朗

又称为噻螨酮，是专用杀螨剂。对螨卵、幼螨和若螨杀伤力极强，主要是胃毒和触杀作用，没有内吸性，但渗透能力比较强，且耐雨水冲刷。不杀成螨，能对成螨所产卵的孵化率起到显著抑制作用。对人、畜低毒，可与多种杀螨、杀虫剂混用。亦可混用石硫合剂、波尔多液等碱性农药。

剂型有 5% 可湿性粉剂和 5% 乳油。在果树上的幼螨集中发生期和害螨产卵盛期，用可湿性粉剂 1000 ~ 2000 倍液或 5% 尼索朗乳油喷洒。

三、浏阳霉素

浏阳霉素属高效低毒农药，对害虫天敌较安全，是农用抗生素杀螨剂，不杀伤捕食螨。施用后，不容易使害螨产生抗性，对防治瘿螨和叶螨都有效。

剂型有 5% 乳油和 10% 乳油。可与多种杀菌剂和杀虫剂混用，但是与波尔多液等碱性农药混用时，要现用现配。

四、Bt 乳剂（苏云金杆菌）

Bt 乳剂（苏云金杆菌），是一种细菌性杀虫剂，对作物无药害，对人、畜安全无毒，也不杀伤天敌。它主要通过胃毒作用杀虫，害虫吞食后进入它的消化道，使害虫产生败血症而死。

剂型有可湿性粉剂和乳剂。可防治果树上的尺蠖、毒蛾、刺蛾和天幕毛虫等，均匀喷布，使用浓度为 500～1000 倍液。

使用时，要注意比化学农药提前 2～3 天用药，不能和内吸性杀菌剂或杀虫剂混用，但如果混用低浓度菊酯类农药，可以有效提高防效。药液要现用现配。

五、白僵菌

白僵菌是一种真菌性杀虫剂，害虫接触其孢子后，孢子会产生芽管，通过皮肤侵入害虫体内，随后长成菌丝，并不断繁殖，以致使害虫死亡。若要致害虫死亡，白僵菌需要的适宜温度为 24～28℃，同时需要 90% 左右的相对湿度，5% 以上的土壤含水量。该药对果树安全，对人、畜无害无毒，但对蚕有害，感染了白僵菌的害虫，4～6 天后就会死亡。如果将低剂量的化学农药如 48% 乐斯本等与白僵菌混用，会有明显的增效作用。

剂型有粉剂。主要用于防治刺蛾、卷叶蛾、桃蛀果蛾和天牛等害虫。例如，防治桃蛀果蛾，可每 666.7 平方米用白僵菌粉剂 2 千克，加 48% 乐斯本乳油 0.15 千克，对水 75 升，在越冬代幼虫出土的始盛期，喷洒于树盘周围，喷后覆草，可以使幼虫的僵死率达到 85.6%。

为了避免受潮失效，菌剂贮存应在阴凉干燥处。使用时可以加少许洗衣粉或杀虫剂，以提高药效，但不能与杀菌剂混用。要现配现用。

六、烟碱

烟碱（尼古丁），又称为硫酸烟碱，是烟草的主要杀虫成分，其蒸气或溶液可渗入害虫体内，使害虫中毒而死。

剂型有 40% 硫酸烟碱水剂。防治果树上的叶蝉、卷叶虫、食心虫、蚜虫、叶螨和潜叶蛾等，可将 0.2% ~ 0.3% 的中性皂液，加入 40% 硫酸烟碱 800 ~ 1000 倍液，能够提高药效。

注意硫酸烟碱不能与波尔多液、石硫合剂混用。

七、苦参碱

苦参碱为广谱性杀虫剂，提取自中草药植物苦参的根、茎、叶和果实中，其主要成分为氧化苦参碱和苦参碱。本药属神经毒剂，可以使接触后的害虫神经麻痹而死亡，对人、畜低毒。

剂型有 0.2% 和 0.3% 水剂，1.1% 粉剂。果树上防治山楂叶螨和绣线菊蚜等，主要用 0.2% 或 0.3% 水剂 200 ~ 300 倍液，注意不能与碱性农药混用。

八、机油乳剂

机油乳剂对害虫主要是触杀，由 5% 乳化油和 95% 机油加工而成，加水后可直接使用。害虫体或卵壳表面被喷上此药后，会有一层油膜形成，使气孔封闭，导致害虫窒息而死。

剂型有 95% 蚧螨灵乳油和 95% 机油乳剂。可防治果树上的蚧、瘤蚜、螨和梨木虱等。常用剂量为 95% 机油乳剂 80 ~ 100 倍液，喷雾。

在夏季使用时，应先做试验后使用，以避免发生药害。

九、灭幼脲

灭幼脲，是一种昆虫生长调节剂，属特异性杀虫剂。取食或接触后的害虫，其表皮几丁质的合成会受到抑制，使幼虫不能正常蜕皮，致其死亡。毒性低，药效慢，对天敌杀伤力小，对人、畜、植物安全，2~3天后其杀虫作用才能显现。

剂型有25%胶悬剂和50%胶悬剂。防治桃蛀果蛾或初期虫卵，用1000倍液；防治天幕毛虫、舞毒蛾和刺蛾等低龄幼虫，可用25%灭幼脲1500~2000倍液。使用时一定要对水摇匀使用，因为本品是胶悬剂，会有沉淀现象，注意不能与碱性农药混用。

十、扑虱灵

又称为优乐得、噻嗪酮、环烷脲，是一种选择性的昆虫生长调节剂，对人、畜、植物安全，可抑制昆虫的几丁质的合成，干扰新陈代谢，属高效、低毒杀虫剂。对防治介壳虫、粉虱、飞虱与叶蝉有特效。其药效缓慢，施药2~3天后，才会致害虫死亡，不杀成虫。

剂型有1%粉剂、1.5%粉剂、2%颗粒剂、10%乳剂、40%胶悬剂、10%可湿性粉剂、25%可湿性粉剂、50%可湿性粉剂。防治樱桃、梨、桃、苹果等果树上的介壳虫，可喷施25%可湿性粉剂1500~2000倍液。

十一、辛硫磷

辛硫磷，又称信睛松、肟硫磷，是一种广谱、低毒和低残留的有机磷杀虫剂。对蜜蜂和天敌高毒，对人、畜低毒。对害虫以胃毒和触杀作用为主。

剂型有3%颗粒剂、5%颗粒剂、25%微胶囊水悬剂和50%乳油。50%辛硫磷乳油可防治果树的卷叶蛾、毛虫，刺蛾、叶蝉、飞虱、食心虫和蚜虫等。1000~1500倍液为常用浓度。

避免在中午强光下喷药，因为该药剂遇光极易分解失效，注意不能与碱性农药混用。

十二、马拉硫磷（马拉松、马拉赛昂）

这是一种广谱、高效、低毒的有机磷类杀虫剂。具胃毒和触杀作用，也有一定的渗透和熏蒸作用，有较强的害虫击倒力。温度对其药效有较大影响，高温时药效好。对果树安全，对人、畜有低毒，对天敌和蜜蜂有高毒。

剂型有50%乳油。主要用于防治果树上的叶螨、叶蝉、木虱、刺蛾、卷叶虫、食心虫、蚜虫、介壳虫和毛虫等。1000倍液为其常用浓度。使用不当会对樱桃树造成药害，应慎用。

十三、抗蚜威

抗蚜威，又称辟蚜雾，对害虫有触杀、熏蒸作用，是一种专性杀蚜剂。对鱼类、水生植物、鸟类和蜜蜂有低毒，对人、畜毒性中等，不伤害天敌，对果树安全。可用以防治果树上的各种蚜虫。

剂型有50%抗蚜威可湿性粉剂和25%辟蚜雾水微粒剂，1000～2000倍液为其常用浓度。

十四、乐斯本

乐斯本，又称毒死蜱，是有机磷杀虫剂，是高毒农药对硫磷的替代产品。对害虫有胃毒、触杀和熏蒸作用，对人、畜毒性中等。

剂型有48%乳油。可用于防治果树上的苹小食心虫、褐带卷蛾、桃蛀果蛾、花网蝽、棉蚜和介壳虫等。800倍液为其常用浓度，注意不可与碱性农药混用。

十五、灭扫利

又名甲氰菊酯，是一种虫、螨兼治的拟除虫菊酯类杀虫、杀螨剂。对害虫有较强的胃毒和触杀作用。杀卵差，杀虫效果好，毒性中等。低残留，高效，对人、畜和果树安全。

剂型有20%乳油。可用于防治果树上的梨小食心虫、棉褐带卷蛾、潜叶蛾、绣线菊蚜、苹果瘤蚜、桃蚜、梨二叉蚜、梨木虱、桃蛀果蛾和梨叶斑蛾等害虫。

十六、杀灭菊酯

又名氰戊菊酯、速灭杀丁，此农药属拟除虫菊酯类杀虫剂，主要是胃毒和触杀作用。对害虫击倒能力强，毒性中等，对蚕、蜜蜂和天敌毒性也大。

剂型有20%乳油。可用于果树上防治卷叶虫、刺蛾、叶蝉、潜叶蛾、蚜虫和椿象等。2500~3000倍液为其常用浓度。

常用杀菌剂

一、农抗120

又称抗霉菌素120，此农药属农用抗生素类杀菌剂。无残留，不污染环境，对果树和天敌安全，对人、畜低毒。

剂型有1%水剂、2%水剂和4%水剂。常用浓度为2%农抗120水剂200倍液，主要用于防治果树上的炭疽病、白粉病和葡萄白粉病等。

除碱性农药外，可与其他杀菌剂、杀虫剂混用。

二、代森锰锌

又称喷克、大生米-45、新万生，此农药属有机硫类保护性杀菌剂。它可以对病菌体内丙酮酸的氧化产生抑制，从而起到杀菌的作用。低毒、高效、杀菌谱广，并对果树的缺锌和缺锰症有治疗作用。

剂型有80%可湿性粉剂、80%喷克、70%可湿性粉剂、大生米-45和新万生可湿性粉剂。可用于防治果树上的炭疽病、锈病、轮纹病和霉心病等。600～800倍液为其常用浓度。

三、甲基托布津

又称甲基硫菌灵，是有机杂环类内吸性杀菌剂。并有治疗和保护作用。它被植物吸收后即转化为多菌灵，使病菌菌原的形成受到干扰，对病菌细胞分裂产生影响，使细胞壁中毒，从而将病菌杀死。对果树安全，对人、畜、鸟类低毒。

剂型有70%可湿性粉剂。防治果树炭疽病、霉心病、白粉病、梨轮纹病、黑星病、苹果轮纹病等病时，以70%甲基托布津可湿性粉剂800～1500倍液喷施。

注意不能与含铜制剂和碱性农药混用，也要避免单一使用。可与其他杀菌剂交替使用，但不能与苹菌灵、多菌灵交替使用。

四、扑海因

又称异菌脲，是一种有机杂环类广谱性杀菌剂。它对真菌丝体生长和孢子产生有抑制作用，对生病果树有一定的治疗与保护作用。对蜜蜂、鸟类和天敌安全，对人、畜有低毒。用药次数不宜过多，因为病菌容易产生抗药性，应及时更换农药品种。

剂型有25%悬浮剂和50%可湿性粉剂。可用于防治苹果斑点落叶病，对轮纹病和炭疽病等也有兼治作用。喷施浓度为50%可湿性粉剂1000～1500倍液，注意不能混用碱性农药。

五、多菌灵

又称苯并咪唑44号、棉萎灵，是一种广谱、高效、低毒、内吸性杀菌剂，其特点与性能同甲基托布津。

剂型有 40% 胶悬剂、25% 和 50% 可湿性粉剂。其防治对象同甲基托布津，使用浓度为 50% 多菌灵可湿性粉剂 600～800 倍液。

六、粉锈宁

又称三唑酮，是一种内吸性、高效的三唑类杀菌剂。果树吸收药液后，药液会迅速在树体内传导，具有治疗和保护的作用。它对菌丝体附着孢子的发育能起到抑制和干扰作用，使菌丝体生长和孢子的形成受到阻碍，从而起到杀菌作用，对蜜蜂无毒，对人、畜有低毒，对天敌安全。

剂型有 20% 乳油、15% 和 25% 可湿性粉剂。主要用于防治果树的锈病和白粉病等。常用浓度为 15% 可湿性粉剂 1000～1500 倍液，于开花前后各喷两次。注意不能混用碱性农药，应交替使用其他杀菌剂。

七、百菌清

百菌清，主要破坏真菌细胞中酶的活力，干扰新陈代谢，从而使细菌丧失生命力。它是取代苯类的非内吸性广谱杀菌剂，兼有保护和治疗作用。耐雨水冲刷，持效期长，对人、畜有低毒。

剂型有 75% 可湿性粉剂。可用于防治果树的轮纹病、早期落叶病、炭疽病和白粉病等。600～800 倍液为其常用的喷施浓度。注意不能混用波尔多液、石硫合剂等碱性农药。

八、科博

是保护性杀菌剂。在果树上喷施后会有一层黏着性很强的保护膜形成，具有耐雨水冲刷、高效、残效期长等优点。对果树和人、畜安全，不易产生抗药性。对真菌性和细菌性病害都可以防治。

剂型为 78% 可湿性粉剂。可用于防治果树轮纹病和斑点落叶病等。

九、白涂剂

可以使果树因冻害或日灼而发生的伤害减轻，并能遮盖伤口，避免病菌侵入。可根据不同用途采用不同的配方配制白涂剂。

配方 1：

石硫合剂渣 10 千克，生石灰 10 千克，水 10 升。在树干基部涂刷，防治叶蝉、天牛和红颈天牛等害虫。

配方 2：

石硫合剂原液 1 升，生石灰 10 千克，动物油 0.2 千克，盐 1 千克，水 40 升。防治蚜虫和日灼病等害虫。

配方 3：

食盐 4 千克，生石灰 10 千克，豆面 0.2 千克，动物油 0.2 千克，水 40 升。涂树干，防冻伤。

配方 4：

硫黄 2.5 千克，生石灰 50 千克，盐 0.2 千克，胶类 1.5 ~ 2.0 千克，水 75 ~ 100 升。涂树干，防冻伤。

十、腐必清

又名松焦油原液，这种农药是松生油系列产品。多酚杂环类化合物为其有效成分，对菌丝展和生产孢子有抵制作用。具耐雨水冲刷、渗透性和药效长等特点，能够预防和铲除果树上的多种真菌病害。

剂型有涂剂和乳剂。主要用于果树枝干腐烂病的防治。在早春萌芽前，将腐烂病斑刮除后，用乳剂 2 ~ 3 倍液或腐必清在病斑上涂抹一次。

应放在阴凉、远离火源处贮存，因为本药易燃烧。避免药剂接触皮肤，使用前应充分搅拌均匀。

十一、甲霜灵

又称瑞毒霉、甲霜安，属苯基酰胺类内吸性杀菌剂。有很强的内吸渗透力，施药30分钟后，就会在植物体内上下双向传导，有治疗和保护病害植株的作用，药效持久。它通过对病菌菌丝体内蛋白质的合成起到抑制作用，从而使病菌死亡。对蜜蜂和天敌安全，对人、畜有低毒。

剂型有25%和50%的可湿性粉剂。可用来防治果树疫病、立枯病、根腐病、霜霉病、茎腐病和果腐病。50%甲霜灵50～100倍液为其常用的喷施浓度。可混用多种杀虫、杀菌剂。要注意与其他杀菌剂交替使用。

十二、井冈霉素

又称有效霉素，这是一种水溶性抗生素，由吸水链霉菌井冈变种产生的。属低毒、高效杀菌剂，耐雨水冲刷，残效期长，使用安全，无残留，对鱼、蜜蜂和天敌安全，不污染环境，对人、畜有低毒。该药内吸性很强，可以对菌体细胞的正常生长发育起到干扰和抑制作用，从而对病株起到治疗作用。

剂型有3%水剂、5%水剂和10%水剂，0.33%粉剂，5%井冈霉素A可溶性粉剂，2%可溶性粉剂、3%可溶性粉剂、4%可溶性粉剂、5%可溶性粉剂、10%可溶性粉剂、12%可溶性粉剂、15%可溶性粉剂、17%可溶性粉剂、20%可溶性粉剂。可用于防治梨轮纹病和桃褐斑病。

十三、硫悬浮剂

这是以硫黄粉为原料经特殊加工而制成的一种胶悬剂。其黏着性能好，药效长，使用方便，长期施用不易使防治对象产生抗性，耐雨水冲刷，不污染果树，对人、畜有低毒。除对捕食螨有一定影响外，不伤害其他天敌。

剂型有45%和50%悬浮剂。可防治果树锈病、白粉病和花腐病等。200～400倍液为其常用喷施浓度。对硫黄敏感的果树（品种）需降低使用浓度；气温低于4℃、高于32℃时不宜使用。

农药的科学使用

（1）禁止使用高毒、高残留农药，要严格执行国家规定的无公害果园农药使用规定。

（2）在购买农药前，要先确定防治对象，主治什么病虫，兼治什么病虫，根据防治对象来选择农药品种。对产品的标签、有效成分含量、批号、生产日期和保质期等要认真识别。购买农药要到正规的农资公司，以防被假农药所冒充。

（3）防治效果可以得到的前提下，不要任意提高施药次数和用药浓度，应尽量在有效范围内用低浓度防治。要根据残效期和病虫发生程度来决定防治的次数。否则，容易引起农药残留超标。

（4）为了防止病虫形成抗药性，不要长期单一使用一种农药。如杀虫剂中拟除虫菊酯、氨基甲酸酯、有机磷以及生物农药几大类

农药等，要交替使用。也可交替使用同一类药的不同品种。也可以将杀菌剂中的农用抗生素、内吸性制剂、非内吸性制剂等类型药交替进行使用。这样，可以对防治对象的抗药性明显延缓。

（5）混合使用两至三种不同作用的农药时，必须符合以下原则：①增效作用要明显。②对人、畜的毒性不能超过单剂，对果树不能发生药害。③可以扩大防治对象。④可以使成本降低。

保护和利用天敌

保护天敌，是无公害果树栽培的一项重要内容。如果园有比较稳定的生态环境，在果树生长期就容易受到多种害虫的为害。但果园里有一个控制害虫种群数量的重要因素，就是有很多捕杀害虫的天敌种类。自然界中的生物，都是相互制约、相互依存的平衡关系。到目前为止，还没发现一种没有天敌的害虫。一旦失去天敌的控制，害虫的繁殖就会以惊人的速度进行。有时，这种平衡关系会被人为打破。例如，长时间不合理地使用农药，天敌数量就会锐减，从而导致害虫的猖獗为害。因此，进行樱桃优质高产栽培，就要采取积极措施保护天敌，将天敌的自然控制作用充分发挥出来。

保护天敌有多方面的措施，不能将不使用农药片面理解为保护天敌的唯一措施。首先要先将本果园害虫与天敌之间的主要种类及其生物学特性查明，摸清天敌的生态特点，即果园生产操作对天敌的影响以及天敌与害虫、果树、环境之间的关系等，然后再制订保护天敌的具体措施。

一、果园害虫天敌的种类

（一）瓢虫

大多数瓢虫都是肉食性的，以成虫和幼虫捕食各种蚜虫、叶螨和介壳虫等，是果园中的捕食性天敌。有的瓢虫以捕食叶螨为主，有的以捕食蚜虫为主，有的以捕食介壳虫为主。

（二）草蛉

又叫草青蛉，食量大，分布很广，能捕食叶螨、叶蝉、蓟马、蚜虫和介壳虫等害虫。我国主要有丽草蛉、中华草蛉、叶色草蛉、大草蛉和普通草蛉等 10 余种。

（三）捕食螨

又叫肉食螨。是有益螨类，以捕食害螨为主。东方纯绥螨和拟长毛纯绥螨等是我国目前已发现的捕食螨种类。

（四）食虫椿象

大多数椿象以植物的叶、花、茎、果汁液为食，故为害虫。但也有一少部分专门吸食害虫的卵汁或幼虫体液的椿象，即为益虫。食虫椿象的喙坚硬如锥，大多无臭味，基部向前伸出，弯曲成钩状。

（五）食虫蝇

是果树害虫的主要天敌，既能捕食果树蚜虫，也能捕食介壳虫、叶蝉和蓟马等。其成虫与蜜蜂颇为相似，但大多有黄色横带在腹部背面，喜取食花蜜和花粉。食虫蝇的种类，主要有斜斑鼓额食蚜蝇、黑带食蚜蝇和月斑鼓额食蚜蝇等。

（六）蜘蛛

是害虫的主要天敌，我国现有蜘蛛 3000 余种，80% 生活在森林、果园与农田中。穴居型蜘蛛做穴结网于果园的地面土壤间隙，可以捕食地面害虫。还有一种游猎蜘蛛不结网，捕食地面害虫。

（七）螳螂

分布广，捕食期长，食虫范围大，繁殖力强，是多种害虫的天敌。在植物多样化的果园中数量较多。它的食性很杂，可捕食蛾蝶类、甲虫类、蚜虫类和椿象类等害虫。

（八）山雀

山雀的种类很多，有沼泽山雀、大山雀和长尾山雀等。能捕食果园内的多种害虫，如梨实象甲、刺蛾幼虫、桃蛀果蛾、天牛幼虫、天幕毛虫、舟蛾、巢蛾、叶蝉、金龟甲、尺蠖、小型甲虫及蚜虫等。

（九）杜鹃

杜鹃是一种益鸟，在我国分布很广，以大型害虫为食，如鳞翅目的幼虫和甲虫等。它还特别喜食一般鸟类不敢啄食的毛虫，如舞毒蛾、刺蛾、天幕毛虫和枯叶蛾等。

（十）啄木鸟

啄木鸟主要以鞘翅目害虫为食，如梨实象甲、天牛幼虫、蛹、金龟甲和伪步行虫等。它有很大的食量，每天可捕食害虫幼虫1000～1400只。

（十一）灰喜鹊

是森林和果园中的主要益鸟，有"山林卫士"之称，可捕食尺蠖、金龟甲、刺蛾和舟蛾等害虫。1年中1只灰喜鹊可吃掉害虫1.5万只。

（十二）柳莺

主要捕食尺蠖、椿象、金龟甲、叶甲、象甲、粉虱、蚜虫、叶蝉和蛾蝶类等害虫。

二、保护和利用天敌的措施

（一）改善樱桃园生态环境

天敌丰富的基础是生物的多样性，因此，在樱桃园内栽植蜜源植物，在周围种植防护林，樱桃树行间种植矮秆作物或牧草等，使生态环境多样化，相应的害虫天敌的种类和数量就会多一些。而将紫花苜蓿等覆盖植物种植在樱桃园中，又为天敌提供了很好的猎食与活动繁殖的场所，对果树蚜虫、螨类等害虫的自然控制能力可以有效增强。

（二）配合农业措施，直接保护害虫天敌

为了保护樱桃园小花椿象、蜘蛛和食螨瓢虫等天敌，可采用园内地面堆草或挖坑堆草、种植越冬作物或树干基部捆草把等措施，人为创造越冬场所，供其栖息，以利于天敌安全越冬。樱桃园内悬挂人工巢箱，为鸟类栖息和繁殖创造场所，可使樱桃园内的益鸟数量明显增加。

（三）有选择性地使用杀虫剂

防治樱桃园害虫必须要施用农药，但农药对天敌的杀伤力轻重不一。因此，要选择高效、低毒、对天敌杀伤力较小的农药品种防治病虫害，同时施药技术也要改进。一般来讲，化学源农药对天敌的杀伤力重，生物源农药对天敌的杀伤力轻。昆虫生长调节剂对天敌比较安全，微生物农药也比较安全。

（四）人工繁殖释放害虫天敌

单靠天敌本身的自然增殖，很难控制住一些经常发生的害虫。如果在害虫发生之初，将一定数量的天敌提前释放，就可以有效控制害虫。在樱桃园内释放一些人工繁殖的松毛虫赤眼蜂，可以起到不错的效果。其防效要比施药好很多，而且还可以保护大量的天敌。

第八章

甜樱桃采收与
采后处理

第一节 甜樱桃果实的采收

甜樱桃采收时间的确定

生长发育到一定时期的樱桃果实，其品种的特有风味和品质才能充分反映出来。如果过早采收，果实还没有完熟，不仅容易使产量与品质降低，而且也会对贮藏效果产生影响。若过晚采收，果实过于成熟，肉质变软，容易挤伤果皮且导致颜色变褐，不耐贮运，从而使商品的价值受到严重影响。因为果实的用途不同，采收时期也会有所差异：就地上市或观光采摘的果实要在风味最佳、充分成熟时采收；对用于加工及外销的果实采收，宜在八九分熟时进行；对用于贮藏的果实采收，宜在九成熟时进行。可参照以下特征来判断樱桃的成熟程度。

一、色泽

红色樱桃类品种，当果面全红时即为成熟；紫色品种，当果面由红变紫，远望果实呈紫色，果面有光泽时即可采收；黄色樱桃类的品种，当果皮底色退绿变黄、阳面开始着红晕，且整个果面的红色面积达到2/3时，即已成熟。

二、发育期

一般早熟大樱桃有 30～40 天的果实发育期，中熟品种果实发育期为 40～50 天，晚熟品种需要 50～60 天的果实发育期，中国樱桃在果柄变软、果实变红时即可采收。据此可将园中樱桃的成熟日期大致推算出来。

三、可溶性固形物

果实的含酸量会随着樱桃的成熟而逐渐降低，同时含糖量逐渐升高，果实内部的可溶性固形物也会达到一定的相对稳定值。如红灯品种成熟时，其可溶性固形物的含量为 17.1%，那翁品种成熟时，其可溶性固形物的含量为 15.8%。各种樱桃品种的可溶性固形物含量在成熟时都有一定的标准，可以据此来判断某个品种的成熟期。

采收前的准备

一、技术培训

要在采收前组织技术培训，即组织参加采收的人员对采收樱桃果实的相关知识进行认真学习，使其懂得采收的重要性，培养其在采收过程中遵守操作规程。

二、工具准备

采果篮、周转箱、包装盒、采果梯、分级板等是果实采收的主要工具。为了减少果皮伤口，应在采果篮内垫衬柔软布袋或棕皮或塑料薄膜。采果篮以能装 2～3 千克为宜，不宜太大。短途转运的周转箱内也要有柔软的衬垫物，像采果篮内一样。应该使用双面梯作

185

为采果梯，既不至于靠在树上损伤枝叶和果实，又可以调节高度。

三、果实预冷及贮存车间试运行

在采果前，有果实贮藏设备和预冷设备的单位要将通风、预冷降温设备进行修缮和试运行，搞好场地消毒，以确保能安全处理采收的果实，将其及时入库保存。

四、搭建采收棚

为了方便将采收的果实临时存放，要在果园内搭建采收棚。

采收时机与方法

一、采收时机

早晨露水干后 10：00 以前或 15：00 以后采收樱桃是比较适宜的时间。因为这个时间段内气温不太高，果实呼吸较缓慢，容易很好地保持果实品质。如果采收在正午高温下进行，因为樱桃果实的体温较高，有较强的呼吸作用，对贮藏会不利。同时，雾天、雨天或雨后树上水分未干以及刮大风时不宜采收，以有效减少浆果的腐烂。

二、采果方法

加工果实多采用机械化采收，而鲜食樱桃需要进行人工采摘。樱桃果皮薄，肉质脆嫩，不抗摩擦和挤压，所以，采收人员应精细采摘。

摘果的顺序，应是由下而上，先外后里。采摘时，可用采果剪剪果柄采摘；也可以手捏果柄，用食指将果柄基部顶住并轻轻掀起，

即可带果摘下。注意不要生
拉硬拽，要保护果柄，以利
于保鲜保存。要将果实轻轻
放入果篮，不准抛掷；果篮
内不能装入枯枝杂物。为了
尽量避免碰伤、擦伤，以保
持果实的完好，从果篮往周

转箱内装果实时，不可倾倒，一定要轻拿轻放。为了避免挤压或掉
落，篮筐内不要装果太满。

三、分批采摘

在适宜的采收期内，同一品种的樱桃，不同株间或同一株树冠
的不同部位，果实的成熟度会有很大差异。因此，采摘时要考虑分
期分批进行。树冠外围和上层着色好的大果优先采摘，后采摘树冠
下部、内膛的果实。分期采收能使晚采的小果增大，完善色泽及增
加产量、品质等。

田间果实处理

一、晾放散热

果实采摘下来后，要放在田间阴凉地方或果棚内，摊开晾放
0.5~2小时，以将果内的田间热释放出来。特别是下午采摘的果实
含热量很高，在没有预冷处理的地方，就需要将果实温度降到15~
20℃时再进行包装，以防止闷捂产生高温，导致果实变质腐烂。为
了避免果实在高温下加大呼吸，而使其变软从而对其商品性产生影
响，绝不可以将果实放在阳光下暴晒。

二、果实初选

在晾放散热期间，要尽快初选刚采收的果实，将病果、僵果、烂果及杂物剔除。对于没有预冷车间的果园，要在此时对果实进行分级。果实在田间存放的时间越短、工序越少越好，假如果园内有预冷车间，初选果实后，应将其迅速装入田间果实周转箱，并及时运往预冷车间进一步处理。

第二节　甜樱桃分级、包装、运输

在生长发育过程中，甜樱桃会受到多种因素的影响，所以其色泽、成熟度、大小、病虫伤害、机械损伤等状况会有很大差异。即使是在同一个植株上的果实，也不可能有完全一致的商品性，所以，为了利于收购、包装、贮藏、加工、运输、销售，要按不同需求将大小不一、良莠不齐的甜樱桃进行分级，使其商品标准化，或使商品的形状大体趋于一致。分级也是甜樱桃商品化所必需的一个环节，是提高其经济价值和商品质量的重要措施，有利于按质论价，优质优价。

分级标准和方法

根据甜樱桃的品种不同，其分级的标准也不同，一般是在符合果形、品质、病虫伤害、颜色、机械损伤等方面要求的基础上，再按大小进行分级，目前标准正在制定中。

通常有手工分级和机械分级两种分级方法，生产上以手工分级为主，此种方法可以减轻机械伤害，但主观意识上的喜好与误差往往会使产品级别标准出现偏差。机械分级可消除人为因素，且工作效率能显著提高，但易出现机械伤害，而且投资比较大。

包装

一、包装的作用

樱桃果实果皮薄，含水量高，病菌易侵染，易受到机械损伤。良好的包装，可以减少果实之间在贮运过程中的碰撞、摩擦、挤压，减少病虫害对果品的侵染，保持果实原有的色、香、味。好的包装，可以减轻劳动强度，便于机械化操作，可以合理垛码，充分利用仓储空间。

二、包装容器的要求

包装材料主要有塑料袋、衬垫纸、捆扎带、包装箱等。

（1）塑料袋：主要用于保湿、气调，必须采用允许食品包装使用的清洁、柔软、无毒的塑料膜制作。

（2）衬垫纸、捆扎带等应清洁，衬垫纸要有较强的吸水性，柔软。

（3）包装箱：主要有纸箱、塑料箱、聚苯泡沫箱、木箱，木箱、塑料箱为5千克左右的容量规格，聚苯泡沫箱、纸箱比较灵活，箱子的外形多为长方形。

（4）应在包装容器外面注明商标、等级、重量、品名、产地、特定标志、包装日期等。

三、包装方法与要求

樱桃采后要立即装箱，预冷，入贮。装箱时，等级要分明，以果粒之间不窜动为度，避免装箱过少或过满造成损伤。

四、有机产品的包装

包装材料应符合国家要求标准，提倡使用可回收、可重复和可生物降解的包装材料；禁止使用接触过禁用物质的包装物或容器，包装应简单实用。

标准化产品的标志和标签

所谓标志是指在销售的产品上、产品的标签上、包装上以及随同销售产品提供的说明书上，对产品用印刷的或书写的文字或者图形等形式所作的标示。

一、无公害樱桃的标志

根据国家《食品标签通用标准》要求，包装箱上要明确标明产品名称、产地、包装日期、保存期、数量、生产单位、贮运注意事项等内容，字迹完整、清晰、无错别字。

二、绿色产品的标志和销售

（1）绿色食品标志在内外包装标签上使用时，必须按照《中国绿色食品商标标志设计使用规范手册》的要求来执行绿色食品标志的标准字体、标准图形以及字体与图形的规范组合、标准色、编号等，同时要报中国绿色食品发展中心审核、备案。

（2）绿色食品标志图形、"绿色食品"文字、编号及防伪标签要全部体现在包装上，也即包装标签必须做到"四位一体"。凡出现标志图形时，必须附注册商标符号"R"。要将"经中国绿色食品发展中心许可使用绿色食品标志"的文字在产品编号正下或正后方注明，其规范英文为"Certifled China Green Food Product"。

（3）产品名称、数量、产地、包装日期、保存期、生产单位、贮运注意事项等内容要在包装箱上标明。字迹完整、清晰、无错别字。

（4）产品名称、净含量及固形物含量、产地、包装日期、保存期、贮运注意事项、质量（品质等级）和产品标准号等信息也必须在标签上注明。另外还要注明防腐剂、色素等所用种类及用量。

运输

甜樱桃是一种极易过熟、褐变和腐烂的果品。不仅有严格的采收要求，而且运输环节也不容忽视，无伤采收随之相应的便是无伤运输。果品在运输的过程中不受到任何损伤就是无伤运输。

大部分短途运输的工具都是小型机械车，在运输前，要先按照前述标准做好分级、包装工作，应该特别注意避免捂热和日晒雨淋，要求散热通风。运输途中应尽量选择平坦道路，减少颠簸，以避免樱桃受到碰撞和挤压而造成烂果。

对采摘后的甜樱桃果实一定要无伤运输和保鲜运输。保鲜运输一种是将预冷处理后的樱桃果实直接从产地运往销售地点；另一种是在产地保鲜一段时间后再运往销售地点。长途运输应注意通风散热以防捂热，还要防雨防晒。

采摘外运的果实，最好当天采摘后当天进行分级包装，当天装冷藏气调车或冷藏车发运。如果甜樱桃果实是用普通汽车运输，应

在装车运输前先将果实预冷至2℃左右。0～2℃为甜樱桃适宜的运输温度，最高不能超过5℃。建议运输期限不要超过3天。如果运输距离较远，建议采用冷藏气调车或者空运。延长贮运期的另一个有效措施是移动式多功能自动冷库运输车。

第三节 甜樱桃贮藏保鲜

甜樱桃果实的呼吸类型

甜樱桃在成熟及贮藏过程中，其呼吸强度没有明显的增强，而是一直呈下降趋势，所以认为甜樱桃属于中等呼吸强度的果实，也属于非呼吸跃变型果实。甜樱桃的不同品种或在不同的贮藏条件下，其呼吸速率会有较大差异，一般的早熟品种果实的呼吸速率要比晚熟品种高，所以不耐贮藏。在一定温度条件下，随着贮藏温度的升高甜樱桃的呼吸强度也会增强，通常每升高10℃，其呼吸速率就会有1.5倍的提高。贮藏环境中，果实的呼吸强度会随着氧气浓度的降低而下降。果实的呼吸速率在环境的氧气浓度低于10%时，会急剧下降。果实的呼吸强度受二氧化碳积累的影响并不明显。

甜樱桃果实对贮藏环境的要求

一、温度

–2℃是甜樱桃的冰点，所以可在–1℃的条件下贮藏甜樱桃，但甜樱桃的风味损失在此温度条件下要快于 1～2℃时。对于易腐烂的甜樱桃品种最好的贮藏温度为1℃。

二、湿度

樱桃皮薄，含水量高，柔软多汁，耐贮性比较差，但对湿度又有及其严格的要求。一般情况下，甜樱桃对相对湿度的要求在90%，如果低于此湿度，极容易使果梗失水，继而造成果面皱缩、果肉褐变。

三、气体条件

甜樱桃果实的采后衰老受乙烯的影响比较大，成熟及贮藏过程中的甜樱桃果实释放乙烯的量很小，但如果在条件比较差的贮藏环境中，果实就会释放大量的乙烯，这表明了乙烯的催熟作用。因此，要尽量避免乙烯在贮藏过程中的产生。

二氧化碳对甜樱桃的伤害不大，除非二氧化碳的浓度超过了40%，甜樱桃才会有相应的损伤显现出来，所以可以用高浓度二氧化碳来贮藏甜樱桃。通常在0℃条件下，二氧化碳浓度可提高到20%～25%。

水果贮藏过程中普遍存在着果肉褐变的问题，多酚氧化酶活性和氧气的供应导致了果实组织的褐变，在甜樱桃贮藏过程中，当果实处在低湿和超高氧状态时，会加剧果肉褐变，这说明影响贮藏效

果的主要因素是贮藏环境的氧气。

四、贮藏过程中果实营养成分的变化

甜樱桃的营养成分包括有机酸、矿物质、维生素、糖、蛋白质等。贮藏过程中，果实的可溶性固形物、维生素 C、可滴定酸等含量会呈下降趋势，但其下降速度会有较大差异。如在 1℃ 条件下贮藏红灯樱桃果实 40 天，其可溶性固形物含量相较于采收时会有 11% 的下降，维生素 C 和可滴定酸含量分别下降了 58% 和 21%。由于可滴定酸含量要比可溶性固形物含量下降的速度快，所以容易使果实的糖酸比在贮藏后期失调，对果实的风味产生严重影响。在贮藏过程中要尽量使可滴定酸和维生素 C 含量的降低速度减缓。

甜樱桃采后的病害及贮前预处理措施

一、甜樱桃采后病害

导致果实腐烂变质的主要原因是采后的微生物侵染，采后损失的一半以上都是由真菌侵染引起的腐烂变质。常见的采后真菌病害主要有灰霉病、软腐病、褐腐病、绿腐病、青霉病等。通常会通过在采前对果实喷布杀菌剂或采后用碳酸氢钠溶液浸果、醋酸熏蒸等方法将果面致病菌消灭。

二、贮前预处理的效果

钙处理对延缓采后果实的衰老有一定作用。果实中钙的功能主要包括调节果实呼吸代谢和乙烯生成、维持细胞壁的功能，提高果实组织对病原菌的抗性，降低果实水分散失等。为了提高果实中钙的含量，可在采前对果实喷 3% 的氯化钙水溶液，以提高果实的贮藏效果和硬度。

冷藏前，在50℃热水中放入甜樱桃，浸3分钟，并用苯来特等杀菌剂防腐。形成一种对果实暂时不利的环境条件，促使果实内部在生理上抵抗外界不良环境的能力，是以热水浸果的目的。

甜樱桃的贮藏方式及保鲜技术

贮藏甜樱桃的方式可分为简易贮藏、冷库贮藏和气调贮藏等几种类型。不管采用哪种贮藏方法，都必须尽快预冷，将田间热消除，以使贮藏前期的呼吸强度降低。

一、简易贮藏

要尽量避免采收后的甜樱桃在田间过长时间滞留，可用食用塑料袋将甜樱桃装起来，扎紧袋口，放入冰水中，以将田间热迅速吸收。用这种方法可以贮藏5天左右。

把放入果篮的甜樱桃，吊入水井中，距水面50厘米左右，此法可贮藏5~7天。以上两种方法适合小批量贮藏。

二、冷库贮藏法

首先将甜樱桃放在冷库中预冷24小时以上，温度控制在2℃左右的，然后将其放在10千克容量的干净带孔眼的塑料筐内，为了防止压过，每筐只装5千克左右的甜樱桃，之后在普通冷库内码放整齐。将库内的温度调节为-0.5~0.5℃，湿度为90%~95%进行贮藏。

三、气调贮藏

通过调节贮藏环境的二氧化碳和氧气浓度来控制果实的生命活

动，从而达到减缓果实衰老和延长贮藏寿命的目的，称为气调贮藏。此方法对甜樱桃果柄及果面颜色和果实硬度保持非常有利，通过减缓可溶性固形物、维生素 C、可滴定酸含量的下降，抑制贮藏环境微生物的活动，减少腐烂，从而使果实的贮藏时间延长，提高贮藏品质，是一种比较理想的贮藏办法。

气调贮藏的推荐指标为：温度 $-0.5 \sim 0.5 ℃$，湿度 $90\% \sim 95\%$，氧气浓度 $3\% \sim 10\%$，二氧化碳浓度 $5\% \sim 10\%$。在这种指标中，一般能贮藏 $70 \sim 90$ 天。

虽然高二氧化碳浓度和低氧对果实的呼吸可以起到抑制作用，但有些品种对高二氧化碳浓度和低氧很敏感，容易造成伤害，因此，要根据品种的不同贮藏特性来决定不同品种果实适宜的气调贮藏条件，这在实践中尤为重要。

虽然气调贮藏能使贮藏期延长，提高贮藏品质，但在销售时，必须将货物一次性提走（贮藏所需的氧气、二氧化碳等环境条件在取货时被破坏了），因此，大进大出销售型的樱桃贮藏适合用气调贮藏方法。正规的气调贮藏库对设备和工艺有很高的要求标准，且需要较大的库容，在我国分布不多。在多年的实践中，我国在水果贮藏方面经过多年的摸索，研究出许多简易的气调贮藏方法。

（一）塑料大帐法

做一个近长方体或正方体的大帐（类似于蚊帐形状），材料一般用厚度 0.14毫米聚乙烯塑料薄膜，根据贮藏量来决定帐的大小。在帐的两侧留有进、排气口，将大帐用支架等材料固定在库里，避免贮藏货物与大帐接触，为了防止漏气，帐底要与地面密封、固定。大帐贮藏法一般用氮钢瓶或制氮机向帐内充入氮气，以将帐内原有空气排出，使帐内氧气浓度降至3%左右，调整到-0.5～0.5℃的库间温度即可。如果需要较长时间贮藏，就需要对帐内气体指标定期检查，使其保持在樱桃贮藏所需的最佳气体条件。塑料大帐法成本低，效果好，简便易行，可以控制贮藏量的大小，是一种实用的气调贮藏樱桃的办法。

（二）塑料小包装气调法

有一种最简单易行的贮藏方法就是塑料小包装气调法，我国北方地区贮藏水果和蔬菜已经普通应用了冷藏库，而且取得了非常理想的效果。根据需要，用0.02～0.03毫米厚的塑料薄膜做成1～5千克装的膜袋，将甜樱桃放入后，热封口或用线绳扎口，放入-0.5～0.5℃的库中。由于在贮藏过程中甜樱桃能耐高浓度二氧化碳，用塑料小包装贮藏不仅操作方便，节约库位，成本小，而且将正规气调库在销售时必须一次性出售的弊端避免了，减轻了销售压力，不失为农村小面积生产樱桃果农的理想贮藏方法。

四、减压贮藏

利用真空泵将库内空气抽出，形成低气压环境进行贮藏的一种办法称为减压贮藏。一般将库内气压控制在40～200毫米汞柱，依靠加湿器将空气相对湿度控制在90%以上，每小时将其湿气流换气1～2次，气压周期性地循环回到大气压。用此法在抽空气的同时也使库内的氧气含量减少，还排除了库内一部分二氧化碳、乙烯等气体，将果实的呼吸控制在最低限度。从而使贮藏过程中的一些生理病害减少，延缓了果实的衰老，保持了果实色泽的新鲜，果柄保持青绿。果实硬度和风味在减压贮藏的情况下损失很小，一般情况能保鲜8～10周，是一种比较理想的贮藏方法。

不管是气调贮藏还是冷库贮藏，在出库前，樱桃需要有一个缓冲阶段，一般先将其升温到12℃，再进入常温。

第四节　甜樱桃的加工技术

甜樱桃色泽艳丽、晶莹美观、果肉鲜美、营养丰富、成熟期早，是一种鲜食与加工兼用的珍稀果品。生产甜樱桃是典型的劳动密集型产业，其生产成本较高，且樱桃成熟上市时，恰逢水果市场上品种短缺，所以有良好的销售情况及市场价格。我国甜樱桃的消费到目前还是以鲜食为主，加工为辅。根据甜樱桃有果品上市集中的特点，从国外的市场运行经验来看，甜樱桃加工产品也具有巨大的需求市场，市场前景广阔。

要根据不同品种的加工特点，选择不同的甜樱桃品种作为加工原料，而且要确定不同的成熟要求。以红色品种为主原料加工而成的有樱桃酱、樱桃酒、樱桃汁，这些产品不仅要求色泽好而且口感要好，这就要保证甜樱桃必须充分成熟，要让品种固有的色、香、味充分体现出来，从而使加工产品达到最佳的色泽和风味口感。樱桃罐藏、蜜制产品可以适当早采，八成熟左右即可。

甜樱桃果肉饮料的加工技术

将甜樱桃加工成果肉饮料，主要表现为有果肉微粒保留在果汁中，外观不透明稍有混浊。一般在生产中需要进行均质处理，以使果汁中的果肉微粒均匀稳定地分布。因为果汁中含有果肉微粒，所以其色泽、风味及营养成分都会保存比较好，这是一种很有发展前途的高档型果汁饮料制品。

（一）工艺流程

原料的选择→清洗→去核→热烫→打浆→过滤→调配→脱气→均质→杀菌→灌装→封口→贴标→入库。

（二）技术要点

1. 原料的选择

将病虫果剔除，选择成熟度均匀一致、色泽红艳、风味良好的果实。

2. 洗果

将果面污物用冷水清洗干净。在冲洗樱桃前要先摘掉果柄，清洗时应小心控制去梗樱桃，尽量使浸泡时间缩短，尽量减少可溶性固形物的损失。因为在生长期间很少对樱桃使用农药，有的几乎不用药，所以通常不需要用碱或酸浸泡。

3. 去核

为了提高榨汁时的出汁率，就要先将核去掉。机械去核会造成大约 7% ~ 10% 的损失，人工去核工作量大。

4. 热烫

用夹层锅或不锈钢锅将甜樱桃加热至 65℃ 约 10 分钟，以煮透为好。

5. 打浆

用网孔直径 0.5 ~ 1.0 毫米的打浆机打浆，为了防止果浆氧化变色，要在果浆中加入浆重 0.04% ~ 0.08% 的维生素 C（L-抗坏血酸）。

6. 过滤

用 60 目的尼龙网将果浆压滤，将粗纤维、较大的果皮、果块等除去。

7. 调配

按饮料中含 40%～60% 的果浆，14%～16% 可溶性固形物（用折光仪测定）含量，可以使用 45%～60% 的过滤糖浆调制。用柠檬酸调糖浆可滴定酸含量在 0.37%～0.40%（以苹果酸计）。

8. 脱气、均质

对调配后的果汁进行减压脱气，以尽量使后面工序中的氧化作用减少。之后，为了使饮料中的果肉颗粒进一步细微化，就要用高压均质机进行均质，以使其均匀度的稳定性增强。尤其是包装时使用透明的材料，均质更为重要。

9. 杀菌、灌装、封口

果汁调配好后，将其加热至 93～96℃，保持 1 分钟，并趁热装入杀菌后的热玻璃瓶中，或使用纸塑制品包装盒，也可使用 5104、5133 罐（易开罐盖）。灌装温度不能低于 75℃，装后需要立即封口，并将其放在 100℃ 沸水中进行 15～20 分钟杀菌。取出后要进行分段冷水冷却，直到 38℃ 为止。

（三）质量要求

用黄色品种加工出来的混浊果汁呈黄白色，红色樱桃品种加工出来的混浊果汁呈暗红色。要有樱桃本身所独有的果香味，且无异味。汁液要均匀混浊，允许久置后稍有沉淀。不低于 40% 的原果浆含量，14% 以上的可溶性固形物含量，0.37% 以上的酸含量。

甜樱桃澄清汁的加工方法

甜樱桃澄清果汁清晰透明，没有沉淀。这就需要在生产时进行澄清处理,如精滤、离心或加沉淀剂等,以将果肉微粒及沉淀物质等除去。澄清果汁有较高的稳定性,不太容易变质,但色泽、营养成分及风味等会有比较严重的损失。因其生津解渴,清凉可口,目前有比较旺的市场销售势头。

酸甜适宜、风味纯正的优质樱桃果汁,不是单一品种的甜樱桃能生产出的。因为甜樱桃的果汁酸度过低,而酸樱桃的果汁酸度又太高,所以采用酸、甜两种樱桃组合制汁,才可以制出酸甜可口,风味优良的制品。

要选择成熟度较一致的新鲜果实,以保证果汁有良好的颜色和风味,一旦有腐烂果实,则产品常会有类似苯甲醛的气味散发出来。若想获得最佳品质和最高出汁率,就要在成熟期采收和加工。否则,果汁不仅颜色差,而且味酸。

（一）工艺流程

原料挑选→洗果→压榨→过滤→调配→澄清→杀菌→灌装→分段冷却。

（二）技术要点

1. 原料的选择

先将病虫果剔除,选择成熟度均匀一致、风味良好、色泽红艳的果实。

2. 洗果

将果面的污物用冷水清洗干净。在冲洗樱桃前,应先摘掉果柄,在清洗时应小心控制去梗樱桃,将浸泡时间尽量缩短,尽量减少可溶性固形物的损失。生长期间的甜樱桃很少使用农药,有的几乎不用药,所以通常不需要用碱或酸浸泡。

3. 去核

要提高榨汁时的出汁率,就要先将核去掉。机械去核会造成7%～10%的损失,人工去核工作量大。

4. 榨汁

甜樱桃清洗干净并沥干后即可榨汁。果汁榨取可采用新鲜樱桃冷压榨、新鲜樱桃热压榨和樱桃解冻后的冷压榨。

（1）热压榨法。用不锈钢容器将清洗干净的甜樱桃加热到65.5℃，然后压榨取汁。此法可以提取出甜樱桃的大部分色素，因此制备的果汁颜色鲜艳。

通常情况，用于压榨的水压机也适用于压榨樱桃的果汁。用耐腐蚀细金属滤网或者平纹细布袋将压榨所得到的热果汁进行过滤。将冷却到10℃或10℃以下的滤液放置过夜。之后用虹吸管将上层清亮果汁吸出，混合少量过滤助剂，再行滤之即得产品。

（2）冷压榨法。将清洗干净的甜樱桃沥干切块，用布式水压机将冷浸后的樱桃果实压榨取汁。为了灭杀微生物，要将刚压出的果汁迅速加热到87.7～93.3℃。之后待加热的果汁冷到37.7℃时，将0.1%的果胶酶制剂加入进去，搅匀，保温3小时，再加热到82.2℃，之后再冷却、过滤便可得到清澈透明的果汁，用这种方法制备果汁的产量为61%～68%。

用冷压榨法制成的果汁颜色没有热压榨的果汁鲜艳，但风味却与新鲜樱桃极为接近。

（3）解冻樱桃的冷压榨法。甜樱桃采收后进行冷冻贮藏，如果需要制造果汁，就将冷冻的果实放到室温下进行解冻，直至其达到4.4～10.0℃，再用水压机压榨取汁。也要用果胶酶制剂对所得到的果汁进行处理，并按以上冷压榨果汁的方法过滤。

通过这种方法得到的果汁，能同时拥有热压榨果汁的深红色及冷压榨果汁的新鲜风味。

5. 过滤

用滤布过滤、除渣。将澄清汁移入贮料桶中。

6. 调配

将果汁糖度用浓度为70%的糖液调制到17%。将果汁总酸含量用50%的柠檬酸溶液调至0.1%~0.2%，再将果汁重的0.01%的苯甲酸钠添加到果汁中。

7. 果汁的调整

为了改进樱桃果汁风味，使其接近于鲜果，就需要对酸、甜度进行调整，但调整范围不宜过大。一般情况，甜樱桃的品种，含酸量过低，且生产的果汁颜色多数不深，如果用其制果汁，最好能混合等量的酸樱桃果汁，以使果汁风味增加。

8. 澄清

采用明胶单宁法。将4~6克单宁加入100千克果汁中，8小时后再将6~10克明胶加入，以8~12℃为适宜的澄清温度。用果汁将单宁和明胶配成溶液加入。当果汁中的絮状物全部沉入底部，即完成澄清过程，将澄清液用虹吸管吸出即可。

9. 杀菌、灌装、分段冷却

果汁调配好后，将其加热至90℃，并趁热装入热瓶中（热瓶需要事先进行洗净消毒），立即封口。之后置于沸水中进行15~20分钟的杀菌，分段冷却至35℃即可。

（三）质量要求

果汁透明无沉淀，呈红色，酸甜适口，无异味，具有樱桃鲜果香味。果汁清澈透明，长期放置后可以允许有少量的沉淀，17%的可溶性固形物含量。

糖水染色樱桃的加工技术

染色甜樱桃罐头既营养丰富，又是观感鲜明的点缀食品，它以其特有的形、色、味成为罐头食品中的佼佼者，深受国内外市场欢迎。

甜樱桃果实八九成熟时染色效果最好，不同品种甜樱桃的染色以那翁最好，依次为宾库、大紫等。

（一）工艺流程

选料→分级→清洗→染色→漂洗→固色、清洗→分选→装罐、加糖水→封口→杀菌→保温检查→成品。

（二）技术要点

1. 分枝

将结在一起的樱桃分成单枝，并将带机械伤、病虫害等不合格果剔除。

2. 分级

按大小将樱桃果实分为三级，即 3.0 ~ 4.5 克，4.6 ~ 6.1 克及 6.1 克以上。

3. 清洗

用清水将果实漂洗干净，沥干水分。

4. 染色、漂洗

染色液配比为赤藓红 25 克、柠檬酸 10 克、清水 50 千克。在夹层锅中将染色液加热至 75℃，再在尼龙网袋中装入 25 千克樱桃，连袋浸入染液，经过 5 ~ 10 分钟加热，使温度升至 75℃保持 15 分钟，之后将其取出并立即以流动水漂洗浮色。从第二锅起，用清水将染液补充至原重，并将 12.5 克的赤藓红补加进去，再将 pH 值用碳酸氢钠调节为 4.5 ~ 4.7 后，继续进行染色。

5. 固色、水洗

樱桃染色冷却后，将其放入 0.3% 的柠檬酸液中固色 10 分钟，酸液与樱桃之比为 4：1，之后用水洗 1 次。

6. 分选

将完整无破裂、染色红而均匀、带果柄的果实，按大小分开装罐。

7. 装罐

罐号7114，净重425克，糖水165～175克。加0.15%的柠檬酸注入罐内的糖水中。

8. 排气及密封

抽气密封：53328.8～59994.9帕。

9. 杀菌及冷却

100℃杀菌式（抽气）保持5～15分钟，冷却。

10. 染色液温度和染色时间的控制

染色温度和时间的控制是樱桃染色成败的关键。染色前必须将樱桃果实表面的那一层蜡质保护层除掉。通常采用的石灰水脱蜡附加硬化法，往往需要120多天，对外皮损伤较多，而且染色后色泽暗淡，观感较差，而用浸碱脱蜡法对表皮会有很强的腐蚀性。采用热烫法，则可以获得不错的效果。即可以对染色液温度控制，也可以使染色和除蜡质同步进行，染色过程可缩至3分钟以下。

染色液的温度必须适当，试验表明最佳染色效果需要的温度为染色液80℃，如果过低或过高，都会导致染色不完全或果皮皱缩现象出现。对染色温度和时间的要求，根据品种不同，要求也会略有不同。

11. 果实硬化处理与成品色泽的关系

可用渗钙法处理果实，以提高果实硬度。试验表明，对果实表皮进行硬化后，染色效果会有所提高，但同时会增加果皮的皱缩，因此，要慎重处理果实硬化工艺。

甜樱桃果酒的种类及加工方法

随着果酒市场的日益扩大，人们生活中对果酒需求量的增加，以甜樱桃为原料加工的果酒将有着广阔的市场前景。

在生产甜樱桃的过程中，会因为种种原因有很多残次果品产生，就可以用这些残次果品作原料来生产樱桃制配酒；将质量上乘的甜樱桃果实破碎取汁、发酵后，可制得樱桃果酒；将生产果脯、果汁的下脚料，用酵母进行发酵后，再混合酒精脚料进行蒸馏，可制得樱桃白兰地酒。

一、甜樱桃种植业者利用残次品生产的"农家乐"酒

在生产、采收、销售甜樱桃的过程中，往往会有很多残次品产生，弃之可惜，生产者可以利用这类残次果自制"农家乐酒"，自制自饮，不加任何添加剂和防腐剂，味道纯正，生产工艺简单，变废为宝。主要方法如下：

可将不同成熟度和不同颜色的果品分别处理，以使甜樱桃酒的颜色美观。

如果残次品果实已经不完整，可去除果实的腐烂部分，将果梗、核除去后，用市售的 CLO2（不同厂家生产的产品使用剂量不同）按产品的说明对清洗干净的果实进行预处理，之后再用清水冲洗两遍，把水沥干。

用打浆机打浆，把 1 千克白糖加入 5 千克樱桃浆中，均匀搅拌，待白糖完全融化以后将果浆装入控干水分的干净玻璃瓶子里。注意：要留出 1/3 的空间，不要将瓶子装得太满，因为在发酵的过程中樱桃会膨胀，有大量气体产生，如果瓶子装得太满，会使樱桃酒溢出来。另外，最好用塑料袋将瓶盖缠紧，以防止进去空气。将装有果浆的瓶子置于 25℃左右的房间内，静置 25~30 天，之后将果渣用滤网去除（为了不把细菌带到酒里面去，此操作过程中要进行严格消毒），用另外准备好的玻璃瓶装上清液，即为短期贮存的"农家乐酒"。用这种方法制配的酒不能久储。

如果樱桃果实是完整的，可将果梗除去后，以市售的 CLO2（不

同厂家生产的产品使用剂量不同）按产品的说明对清洗干净的果实进行预处理，然后用清水冲洗两遍，再把水沥干。在大口玻璃瓶中装入市场销售的白酒，把处理好的甜樱桃放入其中浸泡，以酒没过樱桃为好。可根据自己的喜好和瓶子的容量来决定放入的樱桃量。一般情况 20 天左右之后就可饮用，也可长期避光保存。

二、甜樱桃露酒

（一）加工方法

樱桃露酒是各种樱桃制酒中，最易操作制取的一种。露酒是以发酵酒或蒸馏酒为酒基，加入一定量的鲜果汁、果皮、芳香植物、鲜花或食用香精等物料配制而成，又称配制酒。樱桃露酒有以下几个特点：

1. 营养丰富，酒度低

每 100 克樱桃鲜果中含蛋白质 1.2 克、钙 6 毫克、磷 3 毫克、碳水化合物 8 克、维生素 C 12.6 毫克、铁 5.9 毫克，并含有其他多种维生素。将樱桃侵入酒中后，这些营养成分会使酒味郁香醇厚，酸甜可口。樱桃露酒一般为 12~16 的酒精度，符合目前国内外果酒市场的发展需求方向。

2. 易操作，投资少

与其他发酵酒、蒸馏酒相比，樱桃露酒的制作过程省却了酿造工艺中最复杂、最棘手的微生物发酵问题，因而生产周期短，工艺简单，容易操作。配制酒所用的投资少，设备较少，适合于个体生产和小型企业。

3. 成本低，销路好

一般配制酒的成本是酿造酒的 1/3~1/2，所以销售价格相对也要低一些，容易打开销路。目前，相对于萎缩的白酒市场，果酒越来越受欢迎，果酒市场随之在逐步扩大，销路看好。

（二）制作工艺

1. 工艺配方（100 升）

酒精（86°）18 千克、砂糖 15 千克、樱桃原汁 20 千克、柠檬酸 0.3 千克、甘油 0.2 千克、过滤水加至 100 升。

2. 工艺流程

樱桃原汁→调配对酒→澄清→调配→过滤、装瓶。

（三）操作要点

1. 樱桃原汁对酒

按 2 : 4 : 1 的比例将樱桃原汁、水、酒精混合均匀，浸泡 7 天。

2. 澄清

由于樱桃汁中有较高的果胶含量，容易使混合液混浊不清，而产生沉淀，可将樱桃汁用量的 0.05% 的果胶酶加入其中，均匀搅拌，静置 6 小时，进行澄清处理。

3. 调配

用钠型强酸性离子将上清液交换树脂柱，以将涩味除去，使樱桃的香味突出。将糖度调整至 12，酒精度至 16，如果酒精度有所提高，就将糖度再相应提高；也可根据区域性消费者的生活习惯，配制出多种类型的樱桃露酒。

4. 过滤装瓶

密封贮藏调整好的酒液 3 个月以上，之后过滤、装瓶即为成品。

（四）质量要求

具有樱桃的典型风味，透明，色鲜，味甜微酸。糖度 12，酒精度 16，总酸 0.6。

（五）注意事项

决不允许使用工业酒精或其他不合格的酒精，只能使用符合国家标准的食用酒精，食用酒精主要是糖厂的糖蜜和粮食发酵蒸馏而得，其质量标准如下：

1. 感官指标

醇厚柔和，无色透明，无异味及明显苦辣味。

2. 理化指标（以无水酒精计）

甲醇含量：<0.03 克/100 毫升。

总酯含量：<5 毫克/升（以乙酸乙酯计）。

杂醇油含量：<0.003 毫升/100 毫升。

总醛含量：<0.02 毫升/100 毫升。

不挥发物：<0.01 克/100 毫升。

在加工前需对食用酒精进行脱臭处理，可采用活性炭吸附脱臭。

三、樱桃果酒的生产工艺

（一）工艺流程

原料选择→分解果胶→过滤→主发酵→调酒度→陈酿→换桶→
调配→装瓶→消毒→成品。

（二）操作要点

1. 原料选择

将病虫果、腐烂果剔除，将果实的果梗、果核除去，加入
20%～30%的水，在70℃下加热20分钟，趁热榨汁。

2. 分解果胶

因为果实中有果胶，所以果汁黏稠，不容易过滤，这就要将
0.3%的果胶酶加入进去，使其分解。将加入果胶酶果汁充分混合，
置于45℃下室内，进行5～6小时澄清。

3. 过滤

将上部的澄清汁以虹吸法吸取，用布袋过滤沉淀部分。

4. 主发酵

先将0.007%～0.008%的SO_2加入果汁中进行消毒，把不需要

的微生物杀死或抑制。再加入砂糖将糖度调整至 15 以上，之后添加酒母（人工酵母培养液），以 5% ~ 10% 的果汁量为度，这一阶段是酵母活性期，此时要发酵消耗掉果汁中绝大部分的糖，当糖度降为 7 时，再加糖发酵直到酒精度达到 13 时为止。

温度、糖分和酵母等因素决定着发酵时间的长短。22 ~ 23℃ 是酵母发酵的最适温度；如果在酵母量足，糖分低的情况下，适温只需要 4 ~ 5 天就可完成发酵。通常情况下需要 7 ~ 10 天的主发酵时间。

5. 调酒度

酒度低易受病菌侵染，过高则影响陈酿，所以将主发酵后的酒度调整到 18 ~ 20 度为宜。

6. 陈酿

把果酒装进橡木桶里，置于 12 ~ 15℃ 温度下贮存。

7. 换桶

陈酿期间，会有沉淀物形成于桶底部，如果使沉淀物长期接触新酒，会使酒的风味受到影响，故而需要经常换桶。陈酿的初期需要每周换 1 次，经过 2 次换桶后，可 3 ~ 6 个月换 1 次桶，每次都要将沉淀弃除。换桶时必须将酒注满桶，同一桶中必须是同类、同期的新酒。一般情况下果酒需要 2 年开始成熟，香味随着时间增长而变浓。

8. 调配

加饴糖 3%、蜂蜜 2%、甘油 0.2%、蔗糖 12%，用适量酒精补充陈酿中损失。

9. 消毒

将装瓶后的果酒，置入冷水中，逐步将水温升高至 70℃，持续 20 分钟后，再进行分段冷却至常温为止。

（三）质量要求

酒液金黄、透明、无沉淀，具备樱桃果实的香味和发酵酒特有

的芳香。

（四）注意事项

酵母菌在主发酵时，适应20%的糖浓度，所以要分两次加入砂糖，第一次加60%，第二次加40%。因为樱桃中含氧化物质比较低，可加入0.05%～0.10%的硫酸铵，以保证酵母菌正常发酵所需的营养。在主发酵时，如果测量其含糖量及酒精度没有发生变化，说明尚未发酵，为了促使发酵，需对温度进行调整，并补加酵母液。必须将陈酿所用的橡木桶刷洗干净，桶口用酒精或石灰液消毒。

四、樱桃白兰地的生产工艺

（一）工艺流程

原料→破碎→成分调整→接种→发酵→压榨→蒸馏→老熟→调配→装瓶→成品。

（二）操作要点

1. 调整

果渣、果皮中的含糖量比较低，需将10%～19%的糖水加入，使汁液的含糖量达到12%以上。

2. 发酵

将5%～10%的果汁酵母接种，温度控制在34℃以下进行发酵，直至残糖量为0.2%以下时为止。

3. 压榨

压榨经过发酵的皮渣，制得发酵液。

4. 蒸馏

将发酵液用液体蒸馏器进行蒸馏，便能得到质量较好的白兰地。也可以使用蒸馏粮食白酒用的甑锅进行蒸馏。

5. 老熟

在橡木桶中注入蒸馏酒精，将酒度用脱臭酒精调整至40～45

度，进行密封贮存。橡木中的醇氧化后生成的香草素物质以及松香等是白兰地的酒香来源之一，所以贮酒的地方要求是通风的地下室，至少需要 3~5 年的老熟时间。贮酒时间越长，白兰地的颜色就越好看，滋味越柔和，香气越浓郁。也可将新酒进行 5~6 天的热处理（温度 40℃以上），再进行 3~4 天的冷冻（温度 -20~-15℃以下）通过冷热处理可加速老熟，也即人工老熟法。

6. 调配

加入糖浆，使糖度达到要求的标准，然后把用白兰地浸泡的核桃浸出液、茶叶浸出液和杏仁壳浸出液加入其中，以增加白兰地的香气和滋味。如果酒度太高，可加入蒸馏水进行稀释；如果色泽太淡，可加糖色调整。

（三）质量标准

1. 感官指标

色泽：金黄色；气味：具有白兰地特有的芳香气味；透明度：酒液透明，无沉淀；滋味：芳香、爽口、微苦、不含杂味。

2. 理化标准

总酸：0.03±0.01 克/100 毫升（以醋酸计）。

总酯：0.08±0.01 克/100 毫升（以乙酸乙酯计）。

酒度：40±0.5 毫升/100 毫升。

比重：0.955±0.003。

杂醇油：0.2 克/100 毫升（以异戊醇计）。

浸出物：0.7 克/100 毫升以下。

（四）注意事项

蒸馏白兰地时，要将头酒多去一些，约占馏出酒总量的 20% 左右，要从馏出酒样的酒度降至 10 时开始将尾酒截去。在自然老熟时，如果没有橡木桶而用其他容器贮酒时，需将橡木块或橡木刨花放入容器中，以使樱桃白兰地特有的香气增加。

如果蒸馏出的樱桃白兰地有异味，可将 0.01% ~ 0.02% 的高锰酸钾和 0.3% ~ 0.5% 的活性炭加入进行处理。

樱桃脯的加工技术

（一）工艺流程

原料选择→后熟→去核→脱色烫漂→糖煮→晾晒→包装→成品。

（二）技术要点

1. 原料

选用成熟度在九成左右的肉厚、汁少、个大、色浅、风味浓的品种，将烂、伤、干疤及生、青果剔除。

2. 后熟

宜于傍晚采收樱桃，采收时要防止雨淋，并将采摘的果实摊放在室温下的苇席上后熟一夜。为了避免影响制品质量，切忌堆放过厚而发热。

3. 去核

果实经过一夜后熟，果肉已与果核分离，可将果核用捅核器（用针在筷子上绑成等距离的三角形，内径为樱桃直径的 80% 左右）捅出，捅核的裂口要注意尽量减少。

4. 脱色

将去核的樱桃进行烫漂，然后在 0.6% 亚硫酸氢钠溶液中浸泡 8 小时，使表面红色脱去。可适当延长红色较重的樱桃的脱色时间。樱桃脱色后，将其放入 25% 糖液中进行 5 ~ 10 分钟预煮，随即捞出，浸泡在 45% ~ 50% 冷糖液中 12 小时左右。

5. 糖煮

捞出果实，把糖液浓度调整至 60% 左右，然后再煮沸，将果实进行糖煮，使糖逐渐在文火中渗入果肉，果实渐呈半透明状。

6. 晾晒

将果实捞出，并将其表面的糖汁沥去，摊放在苇席上或放入竹屉，在阳光下进行曝晒。注意上下通风，防止混入虫、尘、杂物等，每天进行翻动。经过 2～3 天的曝晒后，果肉开始收缩，可将其转入阴凉处进行通风干燥，直到不黏手时即可。也可在 60～65℃温度的烤房中烤干。

7. 包装

一般封装都采用聚乙烯塑料薄膜袋。要在包装前按大小、色泽、形态等进行分级，并分级包装。对大小不一致、颗粒不完整以及色泽较差的，要另外分开包装。